智能系统与技术丛书

Pragmatic AI
An Introduction to Cloud-Based Machine Learning

# 人工智能开发实践

## 云端机器学习导论

[美] 挪亚·吉夫特（Noah Gift）著
袁志勇 译

机械工业出版社
China Machine Press

图书在版编目（CIP）数据

人工智能开发实践：云端机器学习导论 /（美）挪亚·吉夫特（Noah Gift）著；袁志勇译．—北京：机械工业出版社，2020.4
（智能系统与技术丛书）
书名原文：Pragmatic AI: An Introduction to Cloud-Based Machine Learning

ISBN 978-7-111-65358-5

I. 人… II. ① 挪… ② 袁… III. 机器学习 – 研究 IV. TP181

中国版本图书馆 CIP 数据核字（2020）第 063298 号

本书版权登记号：图字 01-2019-1417



# 人工智能开发实践：云端机器学习导论

出版发行：机械工业出版社（北京市西城区百万庄大街 22 号 邮政编码：100037）

责任编辑：张梦玲　　责任校对：殷 虹

印　　刷：北京诚信伟业印刷有限公司　　版　　次：2020 年 5 月第 1 版第 1 次印刷

开　　本：186mm×240mm 1/16　　印　　张：16

书　　号：ISBN 978-7-111-65358-5　　定　　价：89.00 元

客服电话：（010）88361066 88379833 68326294　　投稿热线：（010）88379604

华章网站：www.hzbook.com　　读者信箱：hzit@hzbook.com

# Praise 赞　誉

“本书是一部全面的指南，弥补了人工智能要做的事情和部署实际项目要解决的棘手问题之间的差距。它清晰、实用，远远不止介绍 Python 和 AI 算法。”

——Christopher Brousseau，企业人工智能平台 Surface Owl 创始人和 CEO

“我对本书的喜爱、赞美之情难以形容，本书对于任何技术发烧友都是极好的补充资料！ Noah Gift 真正让本书成为一部实用指南，它适用于任何机器学习行业的人士。本书不仅解释了如何将机器学习应用于大型数据集，还对技术反馈回路提供了有价值的观点。本书将使许多数据科学与开发团队受益，让他们从一开始就能高效地创建和维护应用程序。”

——Nivas Durairaj，AWS 技术客户经理（AWS 注册专业架构师）

“如果你希望深入研究产品级品质的机器学习管道和工具，从而真正帮助你的数据工程、数据科学或数据开发运维团队，那么本书就是一本很好的读物。即使是经验丰富的开发人员，也常常会发现自己在低生产率的任务上浪费时间。通常，软件书籍和大学课堂并没有讲述投入生产所需的步骤。Noah 在寻求软件部署的实用方法方面很有天赋，这些实用方法可以真正加快开发和交付过程。他专注并致力于实现非常独特的快速软件解决方案。

“建立产品级品质的机器学习管道的关键是自动化。工程师在研究阶段或原型阶段可以人工完成的任务及步骤必须自动化和规模化，以便创建生产系统。本书充满了实用且有趣的实践实例，它们将帮助 Python 开发人员实现自动化并将管道扩展到云端。

“我目前在一家在线房地产公司的 Roofstock.com 房地产平台上工作，主要工作涉及大数据、机器学习管道、Python、AWS、Google 云和 Azure，该平台分析数据库接近 5 亿条记录！我在本书中找到了很多实用技巧和实践实例，它们立即提升了我的工作效率。特此推荐本书！”

——Michael Vierling，房地产平台 Roofstock.com 首席工程师

# The Translator's Words 译者序

本书适合作为人工智能、计算机、电子信息、自动化等专业高校学生了解云端机器学习的教材或实践指南，也适用于对人工智能、机器学习、云系统等主题及其融合感兴趣的读者。本书不仅适用于初学者，对于专业人士，也是一本不可多得的云端机器学习实用指南。

本书将人工智能与机器学习、云系统完美结合，这是十分鲜有的。即使读者没有坚实的数学、数据科学及人工智能背景知识，本书也能很好地引导读者深入浅出地理解相关概念和各种工具，并使读者从阅读和实践中获益。本书配有丰富的云端Python机器学习应用程序完整示例，这些应用程序极具实用性和可操作性。通过学习本书，借助AWS、Azure或GCP及书中的应用程序框架，读者就能构建出各种实用的云端人工智能与机器学习系统。

本书由武汉大学人工智能研究院袁志勇教授翻译，上海万达信息技术有限公司袁田琛工程师，以及江雪、罗夕安、张娜参与了本书初稿翻译，袁田琛工程师参与了本书审校，最后由袁志勇教授对全书进行润色和统稿。

本书中文版能够在国内出版，机械工业出版社的编辑投入了大量工作，在此表示感谢！

本书内容广泛，涉及人工智能、机器学习、云系统及其融合，限于译者水平，翻译过程中难免存在错误和不妥之处，恳请各位专家和广大读者批评指正。

袁志勇

2020年2月

# 前　言 Preface

大约 20 年前，我在帕萨迪纳市的加州理工学院（Caltech）工作，梦想有朝一日每天都与人工智能（AI）打交道。21 世纪初，对 AI 感兴趣的人并不多。尽管如此，我还是在这里开始与 AI 相伴，而本书的编写将我对 AI 和科幻小说的长期迷恋推向了高潮。在加州理工学院期间，我很幸运地接触了 AI 领域的一些顶尖人物，毫无疑问，这段经历让我走上了写作本书的道路。

然而，除了 AI 之外，我还迷恋自动化和实用主义。本书也包含一些这方面的主题。作为一名经验丰富的管理者，不断推出产品并在糟糕、无用的技术环境中生存的经历，让我变得更加务实。若技术未部署到生产环境，就不算数；若产品非自动，就不完整。希望本书能启发他人分享我的观点。

## 目标读者

本书适用于对 AI、机器学习、云及其融合感兴趣的读者。程序员和非程序员都能从本书获取有价值的宝贵知识。在 NASA、PayPal 以及加州大学戴维斯分校举办的研讨会上，许多与我互动过的学生都能以有限的或极少的编程经验来吸收、借鉴这些观点或知识。本书大量使用 Python 编程案例，如果你是编程新手，Python 是一种最理想的语言。

与此同时，本书还涵盖许多高级主题，如使用云计算平台（即 AWS、GCP 和

Azure）以及实施机器学习与 AI 编程。对于精通 Python、云和机器学习的高级技术人员来说，本书的许多有用思路可直接移植到当前工作之中。

## 本书组织结构

本书分为三个部分：第一部分是实用人工智能基础，第二部分是云端人工智能，第三部分是创建实际 AI 应用程序。

第一部分（第 1 ~ 3 章）介绍 Python 及 AI 的基础知识。

- 第 1 章是本书概览和 Python 快速教程，并提供了足够的背景知识让读者了解 Python 的一些基本应用。
- 第 2 章介绍数据科学项目中系统构建、命令行和 Jupyter Notebook 的生命周期。
- 第 3 章将实际生产反馈回路引入项目之中，并介绍了 Docker、AWS SageMaker 以及 TensorFlow 处理单元（TPU）等工具和框架。

第二部分（第 4 章和第 5 章）介绍 AWS 和 Google 云。

- 第 4 章介绍 Google 云平台（GCP）及其提供的一些独特、开发者友好的产品，还讨论了 TPU、Colaboratory 合作实验工具和 Datalab 数据处理工具等服务。
- 第 5 章深入介绍 AWS 上的工作流，如 Spot 实例、CodePipeline、使用和测试 Boto 以及这些服务的高级概览。

第三部分（第 6 ~ 11 章）讨论实际的 AI 应用及一些示例。

- 第 6 章介绍初创公司的业务和大数据等主题，包括：什么因素影响了球队价值？获胜是否能给比赛带来更多的球迷？薪水是否与社交媒体表现相关？
- 第 7 章介绍如何创建一个无服务器的聊天机器人，该机器人从网站抓取数据并向 Slack 机器人母公司提供摘要信息。

- 第 8 章研究一种常见行为数据源——GitHub 元数据，使用 Pandas、Jupyter Notebook 和 click 命令行工具挖掘行为数据。
- 第 9 章介绍将 AWS 作业转换为使用机器学习技术来优化定价的可能性。
- 第 10 章使用机器学习和交互式绘图技术研究美国房价。
- 第 11 章讨论如何使用 AI 与用户生成的内容进行交互，包括情绪分析和推荐引擎等主题。
- 附录 A 讨论专门为运行 AI 工作负载而设计的硬件芯片，给出一个来自 Google 的 TPU 的 AI 加速器示例。
- 附录 B 讨论聚类大小的选择应被看作一项更艺术而非科学的活动（尽管有些技术可以使决策过程更加清晰）。

## 示例代码

贯穿本书，每章都配套有一个或多个 Jupyter Notebook 应用示例。这些 Notebook 应用示例是在我过去几年的文章、研讨班或课程的基础上开发的。

### 说明

本书所有源代码示例（Jupyter Notebook 文件格式）都可以在 https://github.com/noahgift/ pragmaticai 网站上找到。

另外，书中许多示例还包括下面这样的 Makefile 文件。

```
setup:
	python3 -m venv ~/.pragai

install:
	pip install -r requirements.txt

test:
	cd chapter7; py.test --nbval-lax notebooks/*.ipynb

lint:
	pylint --disable=W,R,C *.py

lint-warnings:
	pylint --disable=R,C *.py
```

Makefile 文件是编排 Python 语言或 R 语言中数据科学项目的不同方面的很好方式。值得注意的是，这些文件还可用于设置环境、通过 lint 检测源码、运行测试和部署代码。此外，像 virtualenv 这样独立环境的使用确实能消除一大堆问题。令人奇怪的是，我遇到的很多学生都存在下面的共性问题：他们在一个 Python 解释器中安装了某个工具却使用了另一个工具，或者，由于两个包彼此冲突而导致无法正常工作。

一般来说，该问题的解决之道是为每个项目使用一个虚拟环境，并在处理该项目时始终选择该环境。细微的项目规划对防止将来出现问题大有裨益，Makefile、lint 检测、Jupyter Notebook 测试、SaaS 构建系统以及单元测试都是推荐使用的最佳实践。

# 致　谢 *Acknowledgements*

非常感谢 Laura Lewin 给予我与 Pearson 及其团队成员 Malobika Chakraborty 和 Sheri Replin 合作出版本书的机会。此外，还要感谢三位技术审稿人：Chao-Hsuan Shen（https://www.linkedin.com/in/lucashsuan/）、Kennedy Behrman（https://www.linkedin.com/in/kennedybehrman/）和 Amazon 公司的 Guy Ernest（https://www.linkedin.com/in/guyernest/）。他们为本书达到一流品质发挥了重要作用。

感谢加州理工学院（Caltech）。我在 Caltech 工作时就对 AI 产生了兴趣，当时正值 21 世纪初的 AI 萧条期。虽然 Caltech 的一位教授告诉我探索 AI 是浪费时间，但我仍然想着手研究它。后来，我为自己设定了一个目标，即在 40 岁左右就能进行出色的 AI 编程并精通几种编程语言，事实上这一目标已实现。感谢此教授告诉我不能做某事，这对我一直是很大的刺激！

我在 Caltech 也遇到过一些很有影响力的人，包括神经生理学家 Joseph Bogen 博士，他也是意识理论方面的专家。我们经常在晚餐时交谈神经网络、意识的起源、微积分以及他在 Christof Koch 实验室所从事的工作。他对我的影响远远不止于生活，毫不夸张地说，我现在研究的神经网络部分应归功于我们 18 年前的晚餐交谈。

在加州理工学院遇到的其他人虽然与我互动不多，但他们仍对我产生了一定的影响，包括 David Baltimore 博士（我以前的老板）、David Goodstein 博士（我以前的老板）、李飞飞博士以及 Titus Brown 博士（他让我沉迷于 Python）。

体育和运动训练一直在我的人生中发挥着巨大作用。有一段时间，我很认真地打职业篮球赛，参加田径甚至是极限飞盘比赛。在圣路易斯–奥比斯波的加州州立理工大学，我遇到了奥运会十项全能运动员 Sheldon Blockburger，他教我如何在 27 秒内完成 200 米冲刺跑（跑后间歇 300 米），总共完成 8 次，直到我厌倦。我还记得他说过：只有不到 1% 的人拥有保持这种锻炼的自制力。这种自律训练在我作为软件工程师的职业生涯中发挥了巨大作用。

我一直热衷于与世界级运动员在一起，因为他们积极乐观、有激情和赢得胜利的意愿。过去几年在加州旧金山的 Empower 体育馆锻炼期间，我偶然发现了巴西柔术（BJJ）。那里的 Tareq Azim、Yossef Azim 和 Josh McDonald 等教练促使我像斗士一样去思考。特别是，从事多项体育项目的世界级运动员 Josh McDonald 一直是我获得灵感的源泉，他的各种高难度训练激励我完成了本书撰写。我极力向旧金山湾区的技术专业人士推荐这家体育馆和这些教练。

我还结识了很多武术界人士，比如 Dave Terrell，他在 Santa Rosa 经营着一家名为 NorCal Fight Alliance 的武术馆。我和 Dave Terrell、Jacob Hardgrove、Collin Hart、Justin Sommer 等一起在这里训练，他们无私地分享了他们的武术知识和思想。生活中没有什么比日复一日地经历一遍又一遍 240 磅[⊖]的黑带锻炼更具有挑战性了。这种经历对我承受编写本书的压力提供了很大帮助。我很幸运能在这家武术馆训练，因此我也强烈推荐旧金山湾区的技术专业人士去这家武术馆锻炼。

谈到巴西柔术，还要感谢 Maui Jiu Jitsu 学院对我写作本书所提供的灵感。2018 年休假期间我曾思考下一步要做什么，并接受该学院 Luis Heredia 教授和 Joel Bouhey 的柔术训练。他们都是很棒的老师，与他们在一起的这段经历使我决定写作本书。

感谢 TensorFlow 框架的产品经理 Zak Stone，他让我提早试用了 TPU 处理器并就 GCP 为我提供帮助。感谢 AWS 的 Guy Ernest 就 AWS 服务提供建议。感谢 Microsoft 的 Paul Shealy 就 Azure 云提供建议。

---

⊖ 1 磅 = 0.454 千克。——编辑注

我要感谢的另一所学校是加州大学戴维斯分校。我于 2013 年在该校获得 MBA 学位，这对我的人生产生了很大影响。我在这里遇到过一些极为出色的教授，比如 David Woodruff 博士教会我用 Python 编写优化类的程序并帮助我编写了功能强大的 Pyomo 库。还要感谢我的良师益友 Dickson Louie 教授，感谢 Hemant Bhargava 博士给了我在加州大学戴维斯分校教授机器学习的机会。非常感激 Norm Matloff 博士无私地帮助我提高机器学习和统计能力。还要感谢我教授过的工商管理硕士（MSBA）BAX-452 班的学生试用本书内容，感谢 MSBA 的工作人员 Amy Russell 和 Shachi Govil。另一位要感谢的朋友是 Mario Izquierdo（https://github.com/marioizquierdo），他是一位才华横溢的开发人员，并且非常擅长围绕实际部署提出编程思想。

最后感谢创业初期帮助过我的两位朋友 Jerry Castro（https://www.linkedin.com/in/jerry-castro-4bbb631/） 和 Kennedy Behrman（https://www.linkedin.com/in/kennedybehrman/），他们可靠、勤奋且适应力强。本书大部分实例程序是我们在一家创业公司并肩作战开发出来的，但这家公司仍以失败告终。正是这种经历揭示了每个人的真实性格，我很荣幸成为他们的同事和朋友。

# About the Author 作者简介

Noah Gift 是加州大学戴维斯分校研究生院工商管理硕士项目讲师及顾问。他讲授研究生机器学习课程，为学生和教师提供机器学习和云架构方面的咨询。他发表了近 100 篇技术出版物，包括云端机器学习和开发运维专题方面的两本书籍。Gift 是拥有 AWS 认证的解决方案架构师，同时也是 AWS 云端机器学习专家，他帮助创建了 AWS 云端机器学习专业方向的认证。Gift 曾获得加州大学戴维斯分校工商管理硕士学位、加州州立大学洛杉矶分校计算机信息系统硕士学位以及圣路易斯 – 奥比斯波的加州州立理工大学营养科学学士学位。

Noah Gift 有近 20 年 Python 职业编程经验，是 Python 软件基金会会士。他曾担任 CTO、总经理、咨询 CTO 和云架构师等职位，也有在 ABC、加州理工学院、Sony 图像工作室、Disney 动画、Weta 数码、AT&T、Turner 工作室和 Linden 实验室等多家机构从业的经历。在过去 10 年中，他负责了多家公司的新产品发布，这些新产品在全球范围内创造了数百万美元收益。目前，他是 Pragmatic AI Labs 公司创始人，该公司旨在为初创公司等提供机器学习、云架构和 CTO 级别的咨询服务。

# 目　录 Contents

## 第二部分 云端人工智能



## 第三部分 创建实际 AI 应用程序

第一部分 *Part 1*

# 实用人工智能基础

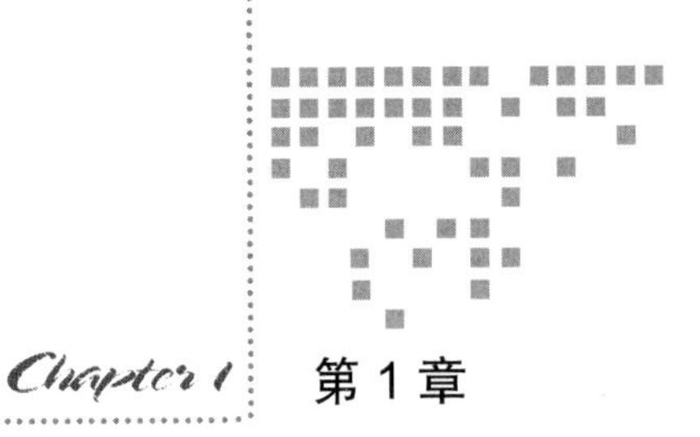

Chapter 1 第1章

# 实用人工智能简介

不要把训练和成就混为一谈。

——约翰·伍登

拿起本书，想必你的好奇之心就会油然而生。最新的机器学习和深度学习技术书籍、课程以及网络研讨会比比皆是，但它们的共同不足是没有讨论如何推动人工智能项目达到应用先进技术的新高度。编写本书的目的是通过人工智能（AI）项目实践来缩小理论与实际问题之间的差距。

许多情况下，由于缺少时间、资源或者技术来实现我们所从事的项目，训练自己的模型也许是不可行的，与其继续走这种注定失败的道路还不如寻求一个更好的解决方案。针对这种情况，实用人工智能实践者一定会使用恰当的技术。某些情况下，可能意味着要调用具有预训练模型的应用编程接口(API)。另一种实用人工智能技术可能是创建一个谨慎、不太有效的模型，因为它更易理解并部署到生产环境中。

2009年，在Netflix公司承办的一次著名推荐算法比赛中，一支团队因为使公司的推荐算法准确率提升了10%而获得了100万美元的奖励。在数据科学成为主流之前，举办这场比赛是令人兴奋的。然而，鲜为人知的是，因工程成本限制，赢得该比赛的推荐算法从未付诸实施（https://www.wired.com/2012/04/netflix-prize-costs/）。与此相反，仅提升了8.43%准确率的另一支团队的改进算法得到了实施应用。这个很好的例子说明了实用而非完美是许多人工智能问题追求的真正目标。

本书重点介绍能将解决方案实际交付到生产环境的第二名团队，这也是贯穿本书的主线。本书追求的目标是将代码交付于生产，而不是从未进入产品生产环节的最佳解决方案。

## 1.1 Python 功能介绍

Python 是一门引人入胜的语言，它在很多方面表现得都很出色。有一种观点认为 Python 在任何方面的表现都不十分杰出，但在大多数方面的表现却足够好。这种语言的真正优势在于它刻意地缺乏复杂性。Python 也可以有多种不同的编程风格。它完全可以使用过程化方式逐行执行语句。Python 还能作为一种复杂的面向对象语言使用，具有元类和多重继承等高级特性。

特别是在数据科学背景下，学习 Python 语言的某些部分已不是十分重要。甚至可以认为，在使用 Jupyter Notebook 编写程序过程中，可能永远不需要使用语言的许多部分，比如繁重的面向对象编程，取而代之的是使用函数。本节简要介绍 Python，我们可以将 Python 看成新的微软 Excel 软件。

最近，我的一名研究生在选修我的机器学习课程之前，曾为代码看起来很复杂而担心。当使用了几个月 Jupyter Notebook 和 Python 以后，他感觉使用 Python 解决数据科学问题十分愉快。基于教学过程中的所见所闻，我坚信所有 Excel 用户都能成为 Python 的 Jupyter Notebook 用户。

值得指出的是，在将代码部署到生产环境中时，Jupyter 可能使用交付机制，也可能不使用交付机制。在考虑 Jupyter 生产部署时，像 Databricks、SageMaker 和

Datalab 等新框架有诸多吸引力，但使用 Jupyter 的目的大多是进行实验。

### 1.1.1 程序语句

在下面示例中，假设已安装 Python 3.6 及以上版本，可以通过 https://www.python.org/downloads/ 下载最新版本的 Python。程序语句是能够一次发出一行命令的逐条语句。下文介绍一些类型的程序语句，它们能在如下环境中运行：

- Jupyter Notebook
- IPython shell
- Python 解释器
- Python 脚本

#### 打印输出

Python 有一种最简单的打印形式。Print 是接收输入并将其发送到控制台的函数。

```
In [1]: print("Hello world")
   ...:
Hello world
```

#### 创建与使用变量

变量通过赋值创建。本例赋值一个变量，然后用分号分隔两条语句并打印输出。这种“;”(分号）使用风格在 Jupyter Notebook 中很常见，但在生产代码和库中通常不受欢迎。

```
In [2]: variable = "armbar"; print(variable)
armbar
```

#### 多条程序语句

我们可通过直接编写程序代码来创建问题的完整解决方案，程序代码如下。这种风格对于 Jupyter Notebook 来说是合理的，但在生产代码中不常见。

```
In [3]: attack_one = "kimura"
   ...: attack_two = "arm triangle"
   ...: print("In Brazilian jiu-jitsu a common attack is a:", attack_one)
   ...: print("Another common attack is a:", attack_two)
   ...:
In Brazilian jiu-jitsu a common attack is a: kimura
Another common attack is a: arm triangle
```

### 数字相加

Python 也可作为计算器使用，这是适应该语言的一个很好的方法。我们开始使用它，而不使用 Microsoft Excel 或计算器 App 程序。

```
In [4]: 1+1
   ...:
Out[4]: 2
```

### 字符串连接

可将字符串拼接在一起。

```
In [6]: "arm" + "bar"
   ...:
Out[6]: 'armbar'
```

### 复杂语句

可以使用像 belts 变量这样的数据结构来创建更为复杂的语句，这里的 belts 变量是一个列表。

```
In [7]: belts = ["white", "blue", "purple", "brown", "black"]
   ...: for belt in belts:
   ...:     if "black" in belt:
   ...:         print("The belt I want to earn is:", belt)
   ...:     else:
   ...:         print("This is not the belt I want to end up with:", belt)
   ...:
 This is not the belt I want to end up with: white
 This is not the belt I want to end up with: blue
 This is not the belt I want to end up with: purple
 This is not the belt I want to end up with: brown
 The belt I want to earn is: black
```

## 1.1.2 字符串和字符串格式化

字符串是字符序列，经常以编程方式格式化。几乎所有的 Python 程序都有字符串，因为它们能向程序用户发送消息。这里有几个需要理解的核心概念。

- 可以使用单引号、双引号和三 / 双引号创建字符串。
- 可以格式化字符串。
- 字符串的难点在于可以采用多种格式编码，包括 Unicode 编码。
- 有许多方法可用于实现字符串操作。在编辑器或 IPython shell 中，可通过 Tab 键自动补全功能查看这些方法。

```
In [8]: basic_string = ""

In [9]: basic_string.
            capitalize()   encode()       format()
       isalpha()      islower()      istitle()      lower()
            casefold()     endswith()     format_map()
isdecimal()    isnumeric()    isupper()      lstrip()
            center()       expandtabs()   index()
isdigit()      isprintable()  join()         maketrans()    >
            count()        find()         isalnum()

isidentifier() isspace()      ljust()        partition()
```

### 基本字符串

最基本的字符串是一个赋值带引号短语的变量，引号可以是单引号、双引号或三引号。

```
In [10]: basic_string = "Brazilian jiu-jitsu"
```

### 分割字符串

通过分割空格或其他字符来转换列表中的字符串。

```
In [11]: #split on spaces (default)
    ...: basic_string.split()
Out[11]: ['Brazilian', 'jiu-jitsu']

In [12]: #split on hyphen
```

```
   ...: string_with_hyphen = "Brazilian-jiu-jitsu"
   ...: string_with_hyphen.split("-")
   ...:
Out[12]: ['Brazilian', 'jiu-jitsu']
```

### 全部大写字母

Python 有很多有用的变更字符串的内建方法。下面示例是将字符串转换为全部大写字母。

```
In [13]: basic_string.upper()
Out[13]: 'BRAZILIAN JIU JITSU'
```

### 分片字符串

可以通过长度和分片来访问字符串。

```
In [14]: #Get first two characters
    ...: basic_string[:2]
Out[14]: 'Br'
In [15]: #Get length of string
    ...: len(basic_string)
Out[15]: 19
```

### 添加拼接字符串

可通过连接两个字符串或将变量赋值给字符串构建更长的句子来将字符串拼接在一起。这种风格对 Jupyter Notebook 是合理且直观的，但出于性能方面的考虑，建议在生产代码中使用 f-string。

```
In [16]: basic_string + " is my favorite Martial Art"
Out[16]: 'Brazilian jiu-jitsu is my favorite Martial Art'
```

### 以复杂方式格式化字符串

在现代 Python 3 中，一种最佳的格式化字符串的方法是使用 f-string。

```
¶ In [17]: f'I love practicing my favorite Martial Art,
         {basic_string}'
    ...:
Out[17]: 'I love practicing my favorite Martial Art,
         Brazilian jiu-jitsu'
```

### 长字符串可用三引号引起来

获取一段文本并将该文本赋值给变量十分有用，在 Python 中执行此操作的一种简单方法是将该短语用三引号引起来。

```
In [18]: f"""
    ...: This phrase is multiple sentences long.
    ...: The phrase can be formatted like simpler sentences,
    ...: for example, I can still talk about my favorite
         Martial Art {basic_string}
    ...: """
Out[18]: '\nThis phrase is multiple sentences long.\nThe phrase
can be formatted like simpler sentences,\nfor example,
I can still talk about
my favorite Martial Art Brazilian jiu-jitsu\n'
```

### 使用 replace 方法删除换行符

上一行文本中包含换行符，即包含 \n 字符，可使用 replace 方法删除这个换行符。

```
In [19]: f"""
    ...: This phrase is multiple sentences long.
    ...: The phrase can be formatted like simpler sentences,
    ...: for example, I can still talk about my favorite
         Martial Art {basic_string}
    ...: """.replace("\n", "")
Out[19]: 'This phrase is multiple sentences long.The phrase can be
formatted like simpler sentences,for example, I can still talk about
my favorite Martial Art Brazilian jiu-jitsu'
```

## 1.1.3 数字与算术运算

Python 也是一个内建的计算器，不需要安装任何额外的库就能执行许多简单和复杂的算术运算。

### 加减数字

Python 语言很灵活，它允许对短语进行基于 f-string 的格式化。

```
In [20]: steps = (1+1)-1
    ...: print(f"Two Steps Forward:  One Step Back = {steps}")
    ...:
Two Steps Forward:  One Step Back = 1
```

### 小数乘法

Python 语言支持小数，这使得创建各种数字应用问题变得简单。

```
In [21]:
    ...: body_fat_percentage = 0.10
    ...: weight = 200
    ...: fat_total = body_fat_percentage * weight
    ...: print(f"I weight 200lbs, and {fat_total}lbs of that is fat")
    ...:
I weight 200lbs, and 20.0lbs of that is fat
```

### 使用指数

使用数学库中的 pow 方法可直接调用 2 的 3 次幂，代码如下。

```
In [22]: import math
    ...: math.pow(2,3)
Out[22]: 8.0
```

幂计算的另一种方法是使用 ** 运算符。

```
>>> 2**3
8
```

### 不同数值类型间的转换

要注意 Python 中的许多数字形式，最常见的两种数字如下。

- 整数
- 浮点数

```
In [23]: number = 100
    ...: num_type = type(number).__name__
    ...: print(f"{number} is type [{num_type}]")
    ...:
100 is type [int]
In [24]: number = float(100)
    ...: num_type = type(number).__name__
```

```
    ...: print(f"{number} is type [{num_type}]")
    ...:
100.0 is type [float]
```

### 四舍五入

可将多位小数四舍五入为两位小数，代码如下。

```
In [26]: too_many_decimals = 1.912345897
    ...: round(too_many_decimals, 2)
Out[26]: 1.91
```

## 1.1.4 数据结构

Python 有一些经常使用的核心数据结构。

- 字典
- 列表

字典和列表是 Python 的主要数据结构，还有其他的一些数据结构（如元组、集合、计数器等）也值得探索。

### 字典

字典擅长解决许多问题，就像 Python 一样。在下面的示例中，巴西柔术攻击列表放入字典中。键（key）是攻击，而值（value）是攻击体（body）的一半（上身或下肢）。

```
In [27]: submissions = {"armbar": "upper_body",
    ...:                "arm_triangle": "upper_body",
    ...:                "heel_hook": "lower_body",
    ...:                "knee_bar": "lower_body"}
    ...:
```

常见的字典模式是使用 items 方法对字典进行迭代。本示例中，将打印键和值。

```
In [28]: for submission, body_part in submissions.items():
    ...:     print(f"The {submission} is an attack \
               on the {body_part}")
```

```
   ...:
The armbar is an attack on the upper_body
The arm_triangle is an attack on the upper_body
The heel_hook is an attack on the lower_body
The knee_bar is an attack on the lower_body
```

字典也可以用于过滤。下面示例中，只显示对上身的攻击。

```
In [29]: print(f"These are upper_body submission attacks\
 in Brazilian jiu-jitsu:")
    ...: for submission, body_part in submissions.items():
    ...:     if body_part == "upper_body":
    ...:         print(submission)
    ...:
These are upper_body submission attacks in Brazilian jiu-jitsu:
armbar
arm_triangle
```

还可以选择字典中的键和值：

```
In [30]: print(f"These are keys: {submissions.keys()}")
    ...: print(f"These are values: {submissions.values()}")
    ...:
These are keys: dict_keys(['armbar', 'arm_triangle',
        'heel_hook', 'knee_bar'])
These are values: dict_values(['upper_body', 'upper_body',
        'lower_body', 'lower_body'])
```

## 列表

列表常用于 Python 中，它允许有序集合。列表可以保存字典，就像字典可以保存列表一样。

```
In [31]: list_of_bjj_positions = ["mount", "full-guard",
                                   "half-guard", "turtle",
                                   "side-control", "rear-mount",
                                   "knee-on-belly", "north-south",
                                   "open-guard"]
    ...:
 In [32]: for position in list_of_bjj_positions:
     ...:     if "guard" in position:
     ...:         print(position)
     ...:
full-guard
half-guard
open-guard
```

列表还可以通过分片选择元素。

```
In [35]: print(f'First position: {list_of_bjj_positions[:1]}')
    ...: print(f'Last position: {list_of_bjj_positions[-1:]}')
    ...: print(f'First three positions:\
         {list_of_bjj_positions[0:3]}')
    ...:
First position: ['mount']
Last position: ['open-guard']
First three positions: ['mount', 'full-guard', 'half-guard']
```

### 1.1.5 函数

函数是 Python 中数据科学编程的构建块，也是一种创建逻辑的、可测试的结构的方法。几十年来，对于函数式编程是否优于 Python 中的面向对象编程一直存在着激烈争论。本节不回答该问题，只展示理解 Python 中函数基本原理的实用程序。

#### 编写函数

学习编写函数是 Python 学习的最基本技能。 通过掌握基本函数，就有可能完全掌握该门语言。

#### 简单函数

最简单的函数只是返回一个值。

```
In [1]: def favorite_martial_art():
   ...:     return "bjj"
In [2]: favorite_martial_art()
Out[2]: "bjj"
```

#### 文档化函数

给函数编写文档是一个好主意。在 Jupyter Notebook 和 IPython 中，可以通过引用在对象后添加“?”字符的函数来查看文档字符串，代码如下所示。

```
In [2]: favorite_martial_art_with_docstring?
Signature: favorite_martial_art_with_docstring()
Docstring: This function returns the name of my favorite martial art
File:      ~/src/functional_intro_to_python/
Type:      function
```

函数的文档字符串可以通过引用 __doc__ 打印出来。

```
In [4]: favorite_martial_art_with_docstring.__doc__
   ...:
Out[4]: 'This function returns the name of my favorite martial art'
```

### 函数参数：位置、关键字

当参数传递给函数时，函数最为有用。在函数内部处理时间的新值。此函数也是位置参数，而不是关键字参数。位置参数按其创建顺序处理。

```
In [5]: def practice(times):
   ...:     print(f"I like to practice {times} times a day")
   ...:

In [6]: practice(2)
I like to practice 2 times a day

In [7]: practice(3)
I like to practice 3 times a day
```

- 位置参数：按顺序处理

函数的位置参数按定义函数的顺序处理。因此，它们既容易写又容易混淆。

```
In [9]: def practice(times, technique, duration):
   ...:     print(f"I like to practice {technique},\
                {times} times a day, for {duration} minutes")
   ...:

In [10]: practice(3, "leg locks", 45)
I like to practice leg locks, 3 times a day, for 45 minutes
```

- 关键字参数：按键或值处理，可以有默认值

关键字参数的一个方便特性是可以设置默认值，并且只能更改希望修改的默认值。

```
In [12]: def practice(times=2, technique="kimura", duration=60):
    ...:     print(f"I like to practice {technique},\
                 {times} times a day, for {duration} minutes")
In [13]: practice()
I like to practice kimura, 2 times a day, for 60 minutes
In [14]: practice(duration=90)
I like to practice kimura, 2 times a day, for 90 minutes
```

❑ * * kwargs 和 *args 参数

**kwargs 和 *args 的语法都允许将动态参数传递给函数。但是，应该谨慎使用这些语法，因为它们会使代码难以理解。这也是一项强大的技术，需要了解在适当的时候如何使用。

```
In [15]: def attack_techniques(**kwargs):
    ...:     """This accepts any number of keyword arguments"""
    ...:
    ...:     for name, attack in kwargs.items():
    ...:         print(f"This is an attack I would like\
                  to practice: {attack}")
    ...:

In [16]: attack_techniques(arm_attack="kimura",
    ...:                   leg_attack="straight_ankle_lock", neck_attack="arm_triangle")
    ...:
This is an attack I would like to practice: kimura
This is an attack I would like to practice: straight_ankle_lock
This is an attack I would like to practice: arm_triangle
```

❑ 将关键字字典传递给函数

**kwargs 语法也可用于一次性传递参数。

```
In [19]: attacks = {"arm_attack":"kimura",
    ...:            "leg_attack":"straight_ankle_lock",
    ...:            "neck_attack":"arm_triangle"}
In [20]: attack_techniques(**attacks)
This is an attack I would like to practice: kimura
This is an attack I would like to practice: straight_ankle_lock
This is an attack I would like to practice: arm_triangle
```

### 传递函数

面向对象编程是一种流行的编程方式，但它不是 Python 中唯一可用的方式。对于并发性和数据科学，函数式编程适合作为一种补充方式。

在本示例中，函数通过其自身作为参数传递到另一函数而在另一函数内部使用。

```
In [21]: def attack_location(technique):
    ...:     """Return the location of an attack"""
    ...:
```

```
   ...:     attacks = {"kimura": "arm_attack",
   ...:            "straight_ankle_lock":"leg_attack",
   ...:            "arm_triangle":"neck_attack"}
   ...:     if technique in attacks:
   ...:         return attacks[technique]
   ...:     return "Unknown"
   ...:

In [22]: attack_location("kimura")
Out[22]: 'arm_attack'
In [24]: attack_location("bear hug")
   ...:
Out[24]: 'Unknown'

In [25]: def multiple_attacks(attack_location_function):
   ...:     """Takes a function that categorizes attacks
                and returns location"""
   ...:
   ...:     new_attacks_list = ["rear_naked_choke",
            "americana", "kimura"]
   ...:     for attack in new_attacks_list:
   ...:         attack_location = attack_location_function(attack)
   ...:         print(f"The location of attack {attack} \
                        is {attack_location}")
   ...:

In [26]: multiple_attacks(attack_location)
The location of attack rear_naked_choke is Unknown
The location of attack americana is Unknown
The location of attack kimura is arm_attack
```

### 闭包和函数柯里化

闭包是包含其他函数的函数。在 Python 中，闭包的一种常见使用方法是跟踪状态。在下面的示例中，外部函数 attack_counter 跟踪攻击次数，内部函数 attack_filter 使用 Python 3 中的非局部关键字修改外部函数中的变量。

这种通过函数嵌套实现的方法称为函数柯里化，它允许从常规函数创建专用函数。这种函数可以是简单视频游戏的基础，也可供 MMA 综合格斗比赛的统计人员使用，代码如下所示。

```
In [1]: def attack_counter():
   ...:     """Counts number of attacks on part of body"""
   ...:     lower_body_counter = 0
```

```
   ...:     upper_body_counter = 0
   ...:     def attack_filter(attack):
   ...:         nonlocal lower_body_counter
   ...:         nonlocal upper_body_counter
   ...:         attacks = {"kimura": "upper_body",
   ...:            "straight_ankle_lock":"lower_body",
   ...:            "arm_triangle":"upper_body",
   ...:             "keylock": "upper_body",
   ...:             "knee_bar": "lower_body"}
   ...:         if attack in attacks:
   ...:             if attacks[attack] == "upper_body":
   ...:                 upper_body_counter +=1
   ...:             if attacks[attack] == "lower_body":
   ...:                 lower_body_counter +=1
   ...:         print(f"Upper Body Attacks {upper_body_counter},\
                 Lower Body Attacks {lower_body_counter}")
   ...:     return attack_filter
   ...:

In [2]: fight = attack_counter()

In [3]: fight("kimura")
Upper Body Attacks 1, Lower Body Attacks 0

In [4]: fight("knee_bar")
Upper Body Attacks 1, Lower Body Attacks 1

In [5]: fight("keylock")
Upper Body Attacks 2, Lower Body Attacks 1
```

### 生成函数（生成器）

一种有用的编程风格是惰性求值，生成器就是此种风格的例子。生成器可以每次生成多个值。

本示例返回无限随机攻击序列。惰性部分的作用在于，虽然有无限数量的值，但只有在调用函数时才返回这些值。

```
In [6]: def lazy_return_random_attacks():
   ...:     """Yield attacks each time"""
   ...:     import random
   ...:     attacks = {"kimura": "upper_body",
   ...:            "straight_ankle_lock":"lower_body",
   ...:            "arm_triangle":"upper_body",
   ...:             "keylock": "upper_body",
   ...:             "knee_bar": "lower_body"}
```

```
   ...:     while True:
   ...:         random_attack = random.choices(list(attacks.keys()))
   ...:         yield random_attack
   ...:

In [7]: attack = lazy_return_random_attacks()

In [8]: next(attack)
Out[8]: ['straight_ankle_lock']

In [9]: attacks = {"kimura": "upper_body",
   ...:            "straight_ankle_lock":"lower_body",
   ...:            "arm_triangle":"upper_body",
   ...:             "keylock": "upper_body",
   ...:             "knee_bar": "lower_body"}
   ...:
In [10]: for _ in range(10):
    ...:     print(next(attack))
    ...:
['keylock']
['arm_triangle']
['arm_triangle']
['arm_triangle']
['knee_bar']
['arm_triangle']
['knee_bar']
['kimura']
['arm_triangle']
['kimura'
```

### 装饰器：包装其他功能的函数

Python 中另一个有用的技术是使用 decorator 语法将一个函数包装成另一个函数。

在下面的示例中，编写了一个装饰器，该装饰器为每个函数调用添加随机睡眠。当它与以前的无限攻击生成器结合使用时，会在每个函数调用期间生成随机睡眠。

```
In [12]: def randomized_speed_attack_decorator(function):
    ...:     """Randomizes the speed of attacks"""
    ...:
    ...:     import time
    ...:     import random
    ...:
```

```
   ...:     def wrapper_func(*args, **kwargs):
   ...:         sleep_time = random.randint(0,3)
   ...:         print(f"Attacking after {sleep_time} seconds")
   ...:         time.sleep(sleep_time)
   ...:         return function(*args, **kwargs)
   ...:     return wrapper_func

In [13]: @randomized_speed_attack_decorator
   ...: def lazy_return_random_attacks():
   ...:     """Yield attacks each time"""
   ...:     import random
   ...:     attacks = {"kimura": "upper_body",
   ...:            "straight_ankle_lock":"lower_body",
   ...:            "arm_triangle":"upper_body",
   ...:             "keylock": "upper_body",
   ...:             "knee_bar": "lower_body"}
   ...:     while True:
   ...:         random_attack = random.choices(list(attacks.keys()))
   ...:         yield random_attack
   ...:
In [14]: for _ in range(10):
    ...:     print(next(lazy_return_random_attacks()))
    ...:
Attacking after 1 seconds
['knee_bar']
Attacking after 0 seconds
['arm_triangle']
Attacking after 2 seconds
['knee_bar']
```

❑ 在 Pandas 中使用 apply 方法

关于函数的最后主题是在 Pandas 的数据框架上使用这些知识。在 Pandas 中，一个更基本的概念是在列上使用 apply 方法，而不是遍历所有值。在本示例中，所有数字都四舍五入为一个整数。

```
In [1]: import pandas as pd
   ...: iris = pd.read_csv('https://raw.githubusercontent.com/mwaskom/seaborn-data/master/iris.csv')
   ...: iris.head()
   ...:
Out[1]:
   sepal_length  sepal_width  petal_length  petal_width species
0           5.1          3.5           1.4          0.2  setosa
1           4.9          3.0           1.4          0.2  setosa
2           4.7          3.2           1.3          0.2  setosa
3           4.6          3.1           1.5          0.2  setosa
```

```
4          5.0          3.6          1.4          0.2  setosa

In [2]: iris['rounded_sepal_length'] =\
        iris[['sepal_length']].apply(pd.Series.round)
   ...: iris.head()
   ...:
Out[2]:
   sepal_length  sepal_width  petal_length  petal_width species  \
0           5.1          3.5           1.4          0.2  setosa
1           4.9          3.0           1.4          0.2  setosa
2           4.7          3.2           1.3          0.2  setosa
3           4.6          3.1           1.5          0.2  setosa
4           5.0          3.6           1.4          0.2  setosa

   rounded_sepal_length
0                   5.0
1                   5.0
2                   5.0
3                   5.0
4                   5.0
```

它是通过内建函数完成的，但也可以编写自定义函数并将其应用于列。在下面的示例中，将这些值乘以 100。实现此操作的另一种方法是创建循环、转换数据，然后将其写回。在 Pandas 中，应用自定义函数非常简单直观。

```
In [3]: def multiply_by_100(x):
   ...:     """Multiplies by 100"""
   ...:     return x*100
   ...: iris['100x_sepal_length'] =\
 iris[['sepal_length']].apply(multiply_by_100)
   ...: iris.head()
   ...:

   rounded_sepal_length  100x_sepal_length
0                   5.0              510.0
1                   5.0              490.0
2                   5.0              470.0
3                   5.0              460.0
4                   5.0              500.0
```

## 1.2　在 Python 中使用控制结构

本节介绍 Python 中的常见控制结构。传统 Python 语言的主要控制结构是 for 循环。然而，需要注意的是 for 循环在 Pandas 中不常用，因此 Python 中 for 循环的有效执行并不适用于 Pandas 模式。一些常见控制结构如下。

- for 循环
- while 循环
- if/else 语句
- try/except 语句
- 生成器表达式
- 列表推导式
- 模式匹配

所有的程序最终都需要一种控制执行流的方式。本节介绍一些控制执行流的技术。

## 1.2.1 for 循环

for 循环是 Python 的一种最基本的控制结构。使用 for 循环的一种常见模式是使用 range 函数生成数值范围，然后对其进行迭代。

```
In [4]: res = range(3)
   ...: print(list(res))
   ...:
[0, 1, 2]

In [5]: for i in range(3):
   ...:     print(i)
   ...:
0
1
2
```

### for 循环列表

使用 for 循环的另一种常见模式是对列表进行迭代。

```
In [6]: martial_arts = ["Sambo", "Muay Thai", "BJJ"]
   ...: for martial_art in martial_arts:
   ...:     print(f"{martial_art} has influenced\
                modern mixed martial arts")
   ...:
Sambo has influenced modern mixed martial arts
```

```
Muay Thai has influenced modern mixed martial arts
BJJ has influenced modern mixed martial arts
```

### 1.2.2　while 循环

while 循环是一种条件有效就会重复执行的循环方式。while 循环的常见用途是创建无限循环。在本示例中，while 循环用于过滤函数，该函数返回两种攻击类型中的一种。

```
In [7]: def attacks():
   ...:     list_of_attacks = ["lower_body", "lower_body",
                "upper_body"]
   ...:     print(f"There are a total of {len(list_of_attacks)}\
                 attacks coming!")
   ...:     for attack in list_of_attacks:
   ...:         yield attack
   ...: attack = attacks()
   ...: count = 0
   ...: while next(attack) == "lower_body":
   ...:     count +=1
   ...:     print(f"crossing legs to prevent attack #{count}")
   ...: else:
   ...:     count +=1
   ...:     print(f"This is not a lower body attack, \
        I will cross my arms for #{count}")
   ...:
There are a total of 3 attacks coming!
crossing legs to prevent attack #1
crossing legs to prevent attack #2
This is not a lower body attack, I will cross my arms for #3
```

### 1.2.3　if/else 语句

if/else 语句是一条在判断之间进行分支的常见语句。在本示例中，if/elif 用于匹配分支。如果没有匹配项，则执行最后一条 else 语句。

```
In [8]: def recommended_attack(position):
   ...:     """Recommends an attack based on the position"""
   ...:     if position == "full_guard":
   ...:         print(f"Try an armbar attack")
   ...:     elif position == "half_guard":
   ...:         print(f"Try a kimura attack")
   ...:     elif position == "full_mount":
```

```
   ...:         print(f"Try an arm triangle")
   ...:     else:
   ...:         print(f"You're on your own, \
                 there is no suggestion for an attack")
In [9]: recommended_attack("full_guard")
Try an armbar attack

In [10]: recommended_attack("z_guard")
You're on your own, there is no suggestion for an attack
```

### 1.2.4 生成器表达式

生成器表达式建立在yield语句的概念上，它允许对序列进行惰性求值。生成器表达式的益处是，在实际求值计算前不会对任何内容进行求值或将其放入内存。这就是下面的示例可以在生成的无限随机攻击序列中执行的原因。

在生成器管道中，诸如“arm_triangle”的小写攻击被转换为“ARM_TRIANGLE”，接下来删除其中的下划线，得到“ARM TRIANGLE”。

```
In [11]: def lazy_return_random_attacks():
    ...:     """Yield attacks each time"""
    ...:     import random
    ...:     attacks = {"kimura": "upper_body",
    ...:             "straight_ankle_lock":"lower_body",
    ...:             "arm_triangle":"upper_body",
    ...:              "keylock": "upper_body",
    ...:              "knee_bar": "lower_body"}
    ...:     while True:
    ...:         random_attack = random.choices(list(attacks.keys()))
    ...:         yield random_attack
    ...:
    ...: #Make all attacks appear as Upper Case
    ...: upper_case_attacks = \
                (attack.pop().upper() for attack in \
                lazy_return_random_attacks())
In [12]: next(upper_case_attacks)
Out[12]: 'ARM_TRIANGLE'


In [13]: ## Generator Pipeline:  One expression chains into the next
    ...: #Make all attacks appear as Upper Case
    ...: upper_case_attacks =\
                (attack.pop().upper() for attack in\
                lazy_return_random_attacks())
```

```
    ...: #Remove the underscore
    ...: remove_underscore =\
                 (attack.split("_") for attack in\
                 upper_case_attacks)
    ...: #Create a new phrase
    ...: new_attack_phrase =\
                 (" ".join(phrase) for phrase in\
                 remove_underscore)
    ...:

In [19]: next(new_attack_phrase)
Out[19]: 'STRAIGHT ANKLE LOCK'

In [20]: for number in range(10):
    ...:     print(next(new_attack_phrase))
    ...:
KIMURA
KEYLOCK
STRAIGHT ANKLE LOCK
...
```

### 1.2.5　列表推导式

语法上列表推导式与生成器表达式类似，然而直接对比它们，会发现列表推导式是在内存中求值。此外，列表推导式是优化的 C 代码，可以认为这是对传统 for 循环的重大改进。

```
In [21]: martial_arts = ["Sambo", "Muay Thai", "BJJ"]
new_phrases = [f"Mixed Martial Arts is influenced by \
         {martial_art}" for martial_art in martial_arts]
In [22]: print(new_phrases)
['Mixed Martial Arts is influenced by Sambo', \
'Mixed Martial Arts is influenced by Muay Thai', \
'Mixed Martial Arts is influenced by BJJ']
```

### 1.2.6　中级主题

有了这些基础知识后，重要的是不仅要了解如何创建代码，还要了解如何创建可维护的代码。创建可维护代码的一种方法是创建一个库，另一种方法是使用已经安装的第三方库编写的代码。其总体思想是最小化和分解复杂性。

### 使用 Python 编写库

使用 Python 编写库非常重要，之后将该库导入项目无须很长时间。下面这些示例是编写库的基础知识：在存储库中有一个名为 funclib 的文件夹，其中有一个 _init_ .py 文件。要创建库，在该目录中需要有一个包含函数的模块。

首先创建一个文件。

```
touch funclib/funcmod.py
```

然后在该文件中创建一个函数。

```
"""This is a simple module"""

def list_of_belts_in_bjj():
    """Returns a list of the belts in Brazilian jiu-jitsu"""

    belts = ["white", "blue", "purple", "brown", "black"]
    return belts
```

### 导入库

如果库是上面的目录，则可以用 Jupyter 添加 sys.path.append 方法来将库导入。接下来，使用前面创建的文件夹 / 文件名 / 函数名的命名空间导入模块。

```
In [23]: import sys;sys.path.append("..")
    ...: from funclib import funcmod
In [24]: funcmod.list_of_belts_in_bjj()
Out[24]: ['white', 'blue', 'purple', 'brown', 'black']
```

### 安装第三方库

可使用 pip install 命令安装第三方库。请注意，conda 命令 (https://conda.io/docs/user-guide/tasks/manage-pkgs.html) 是 pip 命令的可选替代命令。如果使用 conda 命令，那么 pip 命令也会工作得很好，因为 pip 是 virtualenv 虚拟环境的替代品，但它也能直接安装软件包。

安装 pandas 包。

```
pip install pandas
```

另外，还可使用 requirements.txt 文件安装包。

```
> ca requirements.txt
pylint
pytest
pytest-cov
click
jupyter
nbval

> pip install -r requirements.txt
```

下面是在 Jupyter Notebook 中使用小型库的示例。值得指出的是，在 Jupyter Notebook 中创建程序代码组成的巨型蜘蛛网很容易，而且非常简单的解决方法就是创建一些库，然后测试并导入这些库。

```
"""This is a simple module"""

import pandas as pd

def list_of_belts_in_bjj():
    """Returns a list of the belts in Brazilian jiu-jitsu"""

    belts = ["white", "blue", "purple", "brown", "black"]
    return belts

def count_belts():
    """Uses Pandas to count number of belts"""

    belts = list_of_belts_in_bjj()
    df = pd.DataFrame(belts)
    res = df.count()
    count = res.values.tolist()[0]
    return count

In [25]: from funclib.funcmod import count_belts
    ...:

In [26]: print(count_belts())
    ...:
5
```

### 类

可在 Jupyter Notebook 中重复使用类并与类进行交互。最简单的类类型就是一个名称，类的定义形式如下。

```
class Competitor: pass
```

该类可实例化为多个对象。

```
In [27]: class Competitor: pass
In [28]:

    ...: conor = Competitor()
    ...: conor.name = "Conor McGregor"
    ...: conor.age = 29
    ...: conor.weight = 155
In [29]: nate = Competitor()
    ...: nate.name = "Nate Diaz"
    ...: nate.age = 30
    ...: nate.weight = 170
In [30]: def print_competitor_age(object):
    ...:     """Print out age statistics about a competitor"""
    ...:
    ...:     print(f"{object.name} is {object.age} years old")
In [31]: print_competitor_age(nate)
Nate Diaz is 30 years old
In [32]:
    ...: print_competitor_age(conor)
Conor McGregor is 29 years old
```

### 类和函数的区别

类和函数的主要区别包括：

- 函数更容易解释。
- 函数（典型情况下）只在函数内部具有状态，而类在函数外部保持不变的状态。
- 类能以复杂性为代价提供更高级别的抽象。

## 1.3 进一步思考

这一章是本书的基础，首先简单介绍函数式 Python 以及如何将其运用于机器学习应用程序开发。在后续章节中，将详细介绍云端机器学习的技术细节。

可把机器学习的核心组件分成几大类。当正确答案已知时，使用监督机器学习技术。监督机器学习技术的一个示例是根据过去的历史数据预测房价。当不知道正确答案时，使用无监督机器学习技术。无监督机器学习的最常见示例是聚类算法。

监督机器学习下的数据已被标注，其目标是正确预测结果。从人工智能实用角度来看，有些技术可以使监督机器学习更为强大并且具有可行性。其中，一种技术方法是迁移学习，它用相当小的数据集去调整预训练模型以适应新的问题。另一种技术方法是主动学习，它通过构建改进算法去选择未标注数据以建立有价值的人工标注。

相比而言，无监督机器学习没有标签，其目标是从数据中寻找隐藏结构。另外还有第三种机器学习——强化学习，但是它不太常用，本书将不做进一步介绍。强化学习通常用于如何从原始像素学习 Atari 游戏或下围棋。深度学习是一种机器学习技术，它常与云提供商的 GPU 云服务器一起使用。深度学习通常用于解决图像识别等分类问题，但它也能用于许多其他问题。目前有十几家公司正致力于开发深度学习芯片，这标志着深度学习对机器学习从业者很重要。

监督机器学习的两个子类别是回归和分类。基于回归的监督学习技术可预测连续值。基于分类的监督学习技术侧重于基于历史数据的标签预测。

最后，将在自动化和模仿认知功能的背景下讨论人工智能。许多现成的人工智能解决方案都可以通过大型技术公司的 API 获得：Google、Amazon、Microsoft 和 IBM。后续章节将详细介绍这些 API 与 AI 项目的集成。

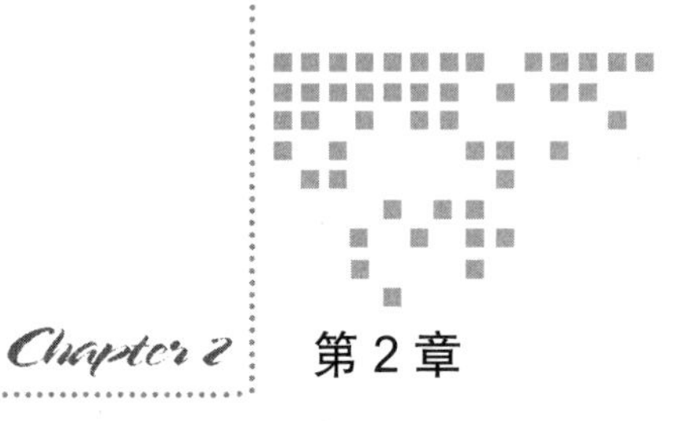

Chapter 2 第2章

# 人工智能与机器学习的工具链

我们是在谈论训练，而不是在谈论比赛。

——阿伦·艾弗森

人工智能（AI）和机器学习（ML）领域的文章、视频、课程和学位正在不断增多，然而能覆盖AI和ML的工具链却不多。作为创建生产环境机器学习的数据科学家需要具备哪些基本技能？公司必须建立哪些基本过程才能开发出预测可靠的自动化系统？

数据科学领域获得成功所需的工具链在有些领域复杂度在不断增加，而在另外一些领域则有所降低。与云计算和SaaS构建系统一样，Jupyter Notebook是降低开发解决方案复杂度的一个创新。DevOps开发运维的理念就涉及了诸多领域，包括数据安全性和可靠性。本章将讨论这些问题，并就如何开发提高机器学习系统可靠性和安全性的过程提出建议。

## 2.1 Python 数据科学生态系统：IPython、Pandas、NumPy、Jupyter Notebook、scikit-learn

由于历史融合过程，Python 生态系统具有独特性。我记得第一次听说 Python 是在 2000 年，那时我在加州理工学院工作。当时，人们在谈论将一门语言用于计算机基础科学教学有多么重要，Python 几乎是一种闻所未闻的语言，但在学术界获得了一些地位。

使用 C 或 Java 来教授计算机科学的一个问题是，除了像 for 循环这样的基本概念外，还需要担心很多额外开销。大约 20 年后，我们终于等到了，也许 Python 正在成为全世界教授计算机科学概念的标准。

毫无疑问，它也在我热衷的三个领域（DevOps、云架构以及数据科学）也取得了巨大的进步。对我而言，将所有领域的主题视为相互关联是很自然的。当我意识到能使用一种语言为一家公司的整个团队做出贡献时，这种意外的进展令人喜悦；更重要的是，因为有像 AWS Lambda 这样的服务，我能很快地完成具有巨大规模特征的任务。

Jupyter Notebook 也是一个有趣的工具。大约 10 年前，我合著了一本书，书中大多数示例使用了 IPython（就像这本书），并且我从未停止过使用 IPython。因此，当 Jupyter 成为一个重要工具时，它就像手套一样合身。这些意外事件一直在向我喜爱的 Python 方向发展。

虽然我花了数年时间研究 R 语言，但是随着我的分析能力增强，我逐步认识到 R 与 Python 的风格非常不同，比如，将数据帧嵌入语言中以及绘图、高级统计函数和纯函数式编程等区别。

与 R 相比，考虑到云集成选项和库，Python 的实际应用性要高出许多，但对于纯数据科学而言，Python 也确实有点脱节。比如，在 Pandas 中绝不会使用 for 循环，但在常规 Python 中使用 for 循环很常见。常规 Python 与 Pandas、scikit-learn 及 NumPy 混合使用会存在某种范例冲突，不过，如果你是 Python 用户，这个问题很好解决。

## 2.2 R 语言、RStudio、Shiny 和 ggplot

即使读者只是 Python 用户，我仍然认为熟悉 R 语言和 R 语言工具是十分有用的。R 生态系统中有些特性值得讨论。可通过镜像下载 R，网址是 https://cran.r-project.org/mirrors.html。

RStudio 是 R 语言的主要集成开发环境 (IDE) (https://www.rstudio.com/)。RStudio 有许多很好的特性，包括创建 Shiny 应用程序和 R Markdown 文档。要想入门 R 语言，那么至少应尝试这些功能。

Shiny 是一项不断发展的技术，其交互式数据分析值得探索。它允许创建交互式 Web 应用程序，其可通过编写纯 R 语言代码部署到生产环境中。网站库（https://rmarkdown.rstudio.com/gallery.html）中有很多启发性的示例。

R 语言另一个强大的领域是拥有先进的统计库。R 语言诞生于新西兰奥克兰，它专门为统计学家创建，由于这段历史，它在统计社区享有很高的地位。建议将 R 语言添加到工具箱中。

最后，图形库 ggplot 非常好且很完整。在许多情况下，我发现可将 Python 项目中的代码导出生成为 CSV 文件，然后将 CVS 文件导入 RStudio，并在 R 和 ggplot 中创建出色的可视化界面。第 6 章将给出一个可视化示例。

## 2.3 电子表格：Excel 和 Google 表格

近年来，Excel 受到了诸多批评。Excel 和 Google 电子表格非常有用，但并不能作为整个解决方案的工具。特别是，使用 Excel 的一个强大方法是准备和清理数据。在快速构建数据科学问题原型的过程中，使用 Excel 整理和格式化数据集将更为迅速。

同样，Google 电子表格也是解决实际问题的出色技术。第 4 章将介绍一个示例，展示编程创建谷歌工作表是一件容易的事情。电子表格可以说是传统技术，但它们仍然是极其有用的创建生产解决方案的工具。

## 2.4 使用 Amazon 网络服务开发云端 AI

Amazon 网络服务（AWS）是云计算巨头。在亚马逊，有十几条领导原则（https://www.amazon.jobs/principles）概括了员工作为一个组织的思维方式，列表的末尾是交付结果。自 2006 年推出以来，云平台的价格一直在不断下降，现有服务越来越好，新服务快速增加。

近年来，AWS 上的大数据、AI 和机器学习取得了巨大进步，并有向无服务器技术发展的趋势，比如 AWS Lambda。有了许多新技术，就有了与过去衔接的初始版本，然后完成下一次迭代更新并撤销过去版本的大多数内容。云的第一个版本在数据中心有明确的根，即虚拟机、关系数据库等，下一次迭代（无服务器）是原生云技术。将操作系统和其他细节进行抽象后，剩余就是解决问题的代码。

这种简化的代码编写方式非常适合在云端开发的机器学习和 AI 应用程序。本章将介绍这些与构建云端 AI 应用程序相关的新技术。

## 2.5 AWS 上的 DevOps

我曾听到过不少数据科学家和开发人员说 DevOps 并不是我的工作。DevOps 确实不是一种工作，但它却是一种思维状态。最复杂形式的人工智能是将驾驶汽车等困难的人工任务自动化。DevOps 与这种思维方式有着共同之处。机器学习工程师都希望把软件部署到生产环境中从而创建高效的反馈回路。

云，特别是 AWS 云，以前所未有的规模实现了自动化和工作效率。DevOps 的一些可用解决方案包括 Spot 实例、OpsWorks、Elastic Beanstalk、Lambda、CodeStar、CodeCommit、CodeBuild、CodePipeline 和 CodeDeploy。本章将介绍这些服务示例并阐述 ML 工程师怎样使用这些服务。

### 2.5.1 持续交付

软件随时可以在持续交付环境中发布，其概念模型是工厂装配线。Pearson

Education 和 Stelligent 共同开发的在线资源 DevOps Essentials on AWS (http://www.devopsessentialsaws.com/) 涵盖了其中大多数内容，它很好地概述了 AWS 上的 DevOps。

## 2.5.2 为 AWS 创建软件开发环境

在使用 AWS 时容易遗漏的细节是设置基本开发环境。对于许多机器学习开发者来说，Python 的设置占据了很大部分，设计围绕 Python 进行十分必要，包括设置 Makefile、创建虚拟环境、在 bash 或 zsh 中添加快捷方式以切换到 Makefile、自动获取 AWS 配置文件等。

Makefile 的简要说明：Makefile 于 1976 年首次出现在贝尔实验室并用作依赖跟踪构建实用程序。Makefile 系统可能很复杂，但对许多机器学习项目而言却是非常宝贵的工具。一个很好的理由是 Makefile 可在任何 Unix 或 Linux 系统上使用且无须安装软件。其次，Makefile 系统是一个标准，一般来说，项目人员都会理解该标准。

虚拟环境是我在电影行业工作时经常使用的东西。可以认为电影是最早的大数据产业之一。即使在 21 世纪前十年的后期，我工作的电影制片厂也有接近实际拍字节（PB）量级的文件服务器，而掌握目录树的唯一方法就是使用给项目设置环境变量的工具。

我过去在维塔数码公司为电影《阿凡达》开展 Python 编程工作时，曾记得文件服务器大到无法继续增长，导致不得不将大量数据副本同步到多个文件服务器中。当时我的一个附带项目是帮助修复 Python 在文件服务器中的工作方式。由于 Python 导入系统在查找导入方式上极为贪婪，经常启动脚本就需要花 30 秒钟，启动漫长的原因是在路径中搜索了近 10 万个文件。后来，我们使用 Linux strace 命令发现了该问题，并修改 Python 解释器来忽略这些 Python 路径。

Python 中的 virtualenv 和 Anaconda 的 conda 的工作与我在电影世界中所经历的情况类似。它们为项目创建独立的环境变量，然后，用户就能在自己的项目之间切换，而不是获得相互冲突的库版本。

列表 2.1 给出了基本 Makefile 文件的开始部分。

**列表 2.1　基本 Python AWS 项目的 Makefile 文件**

```
setup:
    python3 -m venv ~/.pragai-aws
install:
    pip install -r requirements.txt
```

使用 Makefile 文件是最好的实践做法，因为它是在本地、构建服务器、Docker 容器和生产环境中构建项目的公共参考点。在新的 git 类型存储库中，Makefile 文件使用如下：

```
➜  pragai-aws git:(master) ✗  make setup
python3 -m venv ~/.pragai-aws
```

该 make 命令在 ~/.pragai-aws 位置创建新的 Python 虚拟环境。正如本书其他地方提到的，创建别名是一个好主意，该别名能同时导入环境和 cd 源文件。对于 Z shell 或 bash 用户，还可编辑 .zshrc 或 .bashrc 并向 git 签出存储库添加别名。

```
Alias pawstop="cd ~/src/pragai-aws &&\
         source ~/.pragai-aws/bin/activate"
```

然后，找到源环境就像输入这个别名一样简单。

```
➜  pragai-aws git:(master) ✗  pawstop
(.pragai-aws) ➜  pragai-aws git:(master) ✗
```

这种情况发生的原因是激活脚本。相同的激活脚本将作为有用机制来控制项目的其他环境变量，即 PYTHONPATH 和 AWS_PROFILE，后面会详细介绍。为 AWS 设置项目的下一步是，如果没有账户，则创建一个账户；如果账户中没有用户，则在该账户中创建一个用户。Amazon 有关于创建身份和访问管理（IAM）用户账户方面的精彩说明可参考 http://docs.aws.amazon.com/IAM/latest/UserGuide/id_users_create.html。

账户设置好后（按照 AWS 官方说明），下一步是创建命名配置文件。AWS 也提供了这方面的很好官方参考资料（http://docs.aws.amazon.com/cli/latest/userguide/

cli-multiple-profiles.html）。这里的关键思想是创建配置文件，明确表明项目正在使用特定的配置文件用户名或角色，更多细节请参阅 AWS 材料（http://docs.aws.amazon.com/cli/latest/userguide/cli-roles.html）。

要安装 AWS CLI 工具和 boto3 库（注意：boto3 是撰写本书时 boto 的最新版本），请将两者都放入 requirements.txt 文件中，然后运行 make install 命令。

```
(.pragai-aws) ➜  ✗ make install
pip install -r requirements.txt
```

安装 AWS 命令后，需要使用新用户对其进行配置。

```
(.pragai-aws) ➜  ✗ aws configure --profile pragai
AWS Access Key ID [****************XQDA]:
AWS Secret Access Key [****************nmkH]:
Default region name [us-west-2]:
Default output format [json]:
```

命令行 aws 工具现在可与 profile 选项一起使用。一种简单的测试方法是尝试列出 AWS 上托管的机器学习数据集中的内容，比如事件、语言和语音项目的全局数据库（GDELT）。

```
(.pragai-aws) ➜ aws s3 cp\
        s3://gdelt-open-data/events/1979.csv .
fatal error: Unable to locate credentials
```

通过选择 profile 选项，download 命令可从 S3 获取文件。值得注意的是，键入 profile 标志肯定没问题，但是对大量使用 AWS 的命令行来说可能显得单调乏味。

```
(.pragai-aws) aws --profile pragai s3 cp\
        s3://gdelt-open-data/events/1979.csv .
download: s3://gdelt-open-data/events/1979.csv to ./1979.csv
(.pragai-aws) ➜  du -sh 1979.csv
110M    1979.csv
```

解决办法是将 AWS_PROFILE 变量放在 virtualenv 的激活脚本中。

```
(.pragia-aws) ➜  vim ~/.pragai-aws/bin/activate
#Export AWS Profile
AWS_PROFILE="pragai"
export AWS_PROFILE
```

当虚拟环境被获取时，将自动使用正确的 AWS 配置文件。

```
(.pragia-aws) ➜  echo $AWS_PROFILE
pragai
(.pragia-aws) ➜  aws s3 cp\
        s3://gdelt-open-data/events/1979.csv .
download: s3://gdelt-open-data/events/1979.csv to ./1979.csv
```

## Python AWS 项目配置

设置好 virtualenv 环境和 AWS 证书后，接下来是配置 Python 代码。拥有合适的项目结构对于提高开发效率和生产力大有帮助。下面是创建基本 Python/AWS 项目结构的示例。

```
(.pragia-aws) ➜  mkdir paws
(.pragia-aws) ➜  touch paws/__init__.py
(.pragia-aws) ➜  touch paws/s3.py
(.pragia-aws) ➜  mkdir tests
(.pragia-aws) ➜  touch tests/test_s3.py
```

接下来，可以编写一个使用这种布局的简单 S3 模块。列表 2.2 中展示了一个示例。Boto3 库用于创建从 S3 下载文件的函数。附加的导入是日志记录库。

列表 2.2　S3 模块

```
"""
S3 methods for PAWS library
"""

import boto3
from sensible.loginit import logger

log = logger("Paws")


def boto_s3_resource():
    """Create boto3 S3 Resource"""

    return boto3.resource("s3")

def download(bucket, key, filename, resource=None):
    """Downloads file from s3"""
    if resource is None:
        resource = boto_s3_resource()
    log_msg = "Attempting download: {bucket}, {key}, {filename}".\
        format(bucket=bucket, key=key, filename=filename)
```

```
    log.info(log_msg)
    resource.meta.client.download_file(bucket, key, filename)
    return filename
```

从IPython命令行使用这个新创建的库只需要两行代码，并且还创建了paws的名称空间。

```
In [1]: from paws.s3 import download

In [2]: download(bucket="gdelt-open-data",\
         key="events/1979.csv", filename="1979.csv")
2017-09-02 11:28:57,532 - Paws - INFO - Attempting download:

         gdelt-open-data, events/1979.csv, 1979.csv
```

成功启动库之后，可以在激活脚本中创建反映该库位置的PYTHONPATH变量。

```
#Export PYTHONPATH
PYTHONPATH="paws"
export PYTHONPATH
```

接下来，再次使用前面设置的别名pawstop来获取虚拟环境。

```
(.pragia-aws) ➜  pawstop
(.pragia-aws) ➜  echo $PYTHONPATH
paws
```

之后可以使用pytest和moto创建单元测试，这两个库对测试AWS很有用。moto用于模拟AWS，pytest是一个测试框架，见列表2.3。pytest fixture用于创建临时资源，moto用于创建模拟boto操作的模拟对象。然后，测试函数test_download在正确创建资源之后断言。注意，要实际测试下载函数，必须传入资源对象。这是编写代码测试有助于减少代码脆弱性的一个很好的示例。

列表2.3 测试S3模块

```
import pytest
import boto3
from moto import mock_s3
from paws.s3 import download

@pytest.yield_fixture(scope="session")
```

```
def mock_boto():
    """Setup Mock Objects"""

    mock_s3().start()
    output_str = 'Something'
    resource = boto3.resource('s3')
    resource.create_bucket(Bucket="gdelt-open-data")
    resource.Bucket("gdelt-open-data").\
        put_object(Key="events/1979.csv",
                        Body=output_str)
    yield resource
    mock_s3().stop()

def test_download(mock_boto):
    """Test s3 download function"""

    resource = mock_boto
    res = download(resource=resource, bucket="gdelt-open-data",
                key="events/1979.csv",filename="1979.csv")
    assert res == "1979.csv"
```

要安装测试项目所需的库，requirements.txt 文件的内容如下。

```
awscli
boto3
moto
pytest
pylint
sensible
jupyter
pytest-cov
pandas
```

要安装软件包，需运行 make install 命令。为了运行测试，应将 Makefile 修改如下。

```
setup:
    python3 -m venv ~/.pragia-aws

install:
    pip install -r requirements.txt

test:
    PYTHONPATH=. && pytest -vv --cov=paws tests/*.py

lint:
    pylint --disable=R,C paws
```

然后，运行测试，得到的覆盖率结果显示如下。

```
(.pragia-aws) ➜  pragai-aws git:(master) ✗ make test
PYTHONPATH=. && pytest -vv --cov=paws tests/*.py
==================================================
test session starts ==============================
platform darwin -- Python 3.6.2, pytest-3.2.1,
/Users/noahgift/.pragia-aws/bin/python3
cachedir: .cache
rootdir: /Users/noahgift/src/pragai-aws, inifile:
plugins: cov-2.5.1
collected 1 item

tests/test_s3.py::test_download PASSED

---------- coverage: platform darwin, python 3.6.2-final-0
Name                 Stmts   Miss  Cover
----------------------------------------
paws/__init__.py         0      0   100%
paws/s3.py              12      2    83%
----------------------------------------
TOTAL                   12      2    83%
```

有许多方法可以设置 Pylint，但我首选的方法是，只显示连续交付项目的警告和错误：pylint --disable = R, C paws。然后，执行 lint 命令，执行情况如下。

```
(.pragia-aws) ➜  pragai-aws git:(master) ✗ make lint
pylint --disable=R,C paws
No config file found, using default configuration

--------------------------------------------------------------------
Your code has been rated at 10.00/10 (previous run: 10.00/10, +0.00)
```

最后，创建 install、lint 和 test 命令的 all 语句可能十分有用，即 all: install lint test。然后，make all 命令将依次启动所有三个操作。

### 2.5.3 集成 Jupyter Notebook

让 Jupyter Notebook 使用项目布局并自动测试 Notebook 是很有益的补充。为此，将在 Notebook 文件夹中创建一个 Notebook 并在签出根目录中创建一个 data 文件夹：mkdir -p notebooks。接下来，运行 Jupyter Notebook 并创建名为 paws.ipynb 的新笔记本。在该 Notebook 中，可使用以前的库下载 CSV 文件并在 Pandas 中进行初探。首先，将路径添加到根目录，并导入 Pandas。

```
In [1]: #Add root checkout to path
   ...: import sys
   ...: sys.path.append("..")
   ...: import pandas as pd
   ...:
```

然后，加载前面创建的库，下载 CSV 文件。

```
In [2]: from paws.s3 import (boto_s3_resource, download)

In [3]: resource = boto_s3_resource()
In [4]: csv_file = download(resource=resource,
   ...:                      bucket="gdelt-open-data",
   ...:                      key="events/1979.csv",
   ...:                      filename="1979.csv")
   ...:
2017-09-03 11:57:35,162 - Paws - INFO - Attempting
events/1979.csv, 1979.csv
```

由于数据形态不规则，所以使用了将其放入数据框架的技巧：names=range(5)。此外，当文件达到 100MB 时，因为太大而无法作为测试数据集放入 Git repo 中，所以它会被截断并回存。

```
In [7]: #Load the file, truncate it and save.
   ...: df = pd.read_csv(csv_file, names=range(5))
   ...: df = df.head(100)
   ...: df.to_csv(csv_file)
   ...:
```

接下来，读入并描述文件。

```
In [8]: df = pd.read_csv("1979.csv", names=range(5))
   ...: df.head()
   ...:
Out[8]:
   Unnamed: 0
0         NaN
1         NaN
2         0.0  0\t19790101\t197901\t1979\t1979.0027\t\t\t\t\t...
3         1.0  1\t19790101\t197901\t1979\t1979.0027\t\t\t\t\t...
4         2.0  2\t19790101\t197901\t1979\t1979.0027\t\t\t\t\t...
```

```
     3    4
0    3    4
1    3    4
2  NaN  NaN
3  NaN  NaN
4  NaN  NaN

In [9]: df.describe()
Out[9]:
       Unnamed: 0
count   98.000000
mean    48.500000
std     28.434134
min      0.000000
25%     24.250000
50%     48.500000
75%     72.750000
max     97.000000
```

基本的Notebook设置好后，还可使用pytest插件nbval将其添加到requirements.txt文件中，从而将Notebook集成到Makefile构建系统中。注意，下面的几行应该注释掉(这样每次运行都不会下载S3文件且可以保存并关闭Notebook)。

```
#csv_file = download(resource=resource,
#                     bucket="gdelt-open-data",
#                     key="events/1979.csv",
#                     filename="1979.csv")
#Load the file, truncate it and save.
#df = pd.read_csv(csv_file, names=range(5))
#df = df.head(100)
#df.to_csv(csv_file)
```

在Makefile文件中，还可添加新的一行来测试Notebook。

```
test:
    PYTHONPATH=. && pytest -vv --cov=paws tests/*.py
    PYTHONPATH=. && py.test --nbval-lax notebooks/*.ipynb
```

现在，Notebook测试运行的输出情况如下。

```
PYTHONPATH=. && py.test --nbval-lax notebooks/*.ipynb
===================================================================
test session starts
```

```
==========================================================================
platform darwin -- Python 3.6.2, pytest-3.2.1, py-1.4.34
rootdir: /Users/noahgift/src/pragai-aws, inifile:
plugins: cov-2.5.1, nbval-0.7
collected 8 items

notebooks/paws.ipynb ........

============================================================
warnings summary ===========================================
notebooks/paws.ipynb::Cell 0
  /Users/noahgift/.pragia-aws/lib/python3.6/site-
packages/jupyter_client/connect.py:157: RuntimeWarning:
'/var/folders/vl/sskrtrf17nz4nww5zr1b64980000gn/T':
'/var/folders/vl/sskrtrf17nz4nww5zr1b64980000gn/T'
    RuntimeWarning,

-- Docs: http://doc.pytest.org/en/latest/warnings.html
=============================================================
8 passed, 1 warnings in 4.08 seconds
=============================================================
```

现在有一个可重复且可测试的结构，它用于将 Notebook 添加到项目中并共享已创建的公共库。此外，该结构可用于连续交付环境，本章稍后将对此进行说明。当构建并测试 Jupyter Notebook 时，它还有集成测试机器学习项目的作用。

### 2.5.4　集成命令行工具

传统的软件工程项目和机器学习项目经常忽视的工具是添加命令行工具。一些交互式研究对命令行工具更有帮助。对于云架构，创建一个基于 SQS 的应用程序的命令行原型通常比只使用像 IDE 这样的传统技术要快得多。要开始构建命令行工具，需使用 click 库更新 requirements.txt 文件，然后执行 make install 命令。

```
(.pragia-aws) ➜  tail -n 2 requirements.txt
click
```

接下来，在根目录中创建命令行脚本。

```
(.pragia-aws) ➜  pragai-aws git:(master) touch pcli.py
```

该脚本将执行一组类似于 Jupyter Notebook 的操作，只是它更加灵活，允许用户从命令行向函数传递参数。在列表 2.4 中，click 框架用于创建先前创建的 Python 库的包装器。

列表 2.4 pcli 命令行工具

```
#!/usr/bin/env python

"""
Command-line Tool for Working with PAWS library
"""
import sys

import click
import paws
from paws import s3

@click.version_option(paws.__version__)
@click.group()
def cli():
    """PAWS Tool"""

@cli.command("download")
@click.option("--bucket", help="Name of S3 Bucket")
@click.option("--key", help="Name of S3 Key")
@click.option("--filename", help="Name of file")
def download(bucket, key, filename):
    """Downloads an S3 file
    ./paws-cli.py --bucket gdelt-open-data --key \
        events/1979.csv --filename 1979.csv
    """
    if not bucket and not key and not filename:
        click.echo("--bucket and --key and --filename are required")
        sys.exit(1)
    click.echo(
        "Downloading s3 file with: bucket-\
        {bucket},key{key},filename{filename}".\
        format(bucket=bucket, key=key, filename=filename))
    res = s3.download(bucket, key,filename)
    click.echo(res)

if __name__ == "__main__":
    cli()
```

要使此脚本可执行，需要在脚本顶部添加 Python shebang 行。

```
#!/usr/bin/env python
```

使其可执行，代码如下所示。

```
(.pragia-aws) ➜  pragai-aws git:(master) chmod +x pcli.py
```

最后，一个不错的技巧是在库的 __init__.py 部分创建一个 __version__ 变量，并将其设置为字符串版本号。于是，可以在脚本或命令行工具中调用它。

要获取此脚本的帮助，可执行下面命令。

```
(.pragia-aws) ➜  ./pcli.py --help
Usage: paws-cli.py [OPTIONS] COMMAND [ARGS]...

  PAWS Tool

Options:
  --version  Show the version and exit.
  --help     Show this message and exit.

Commands:
  download  Downloads an S3 file ./pcli.py --bucket...
```

要获取此脚本的下载，相关命令及其输出如下：

```
(.pragia-aws) ➜  ./pcli.py download –bucket\
         gdelt-open-data --key events/1979.csv \
         --filename 1979.csv

Downloading s3 file with: bucket-gdelt-open-data,
keyevents/1979.csv,filename1979.csv
2017-09-03 14:55:39,627 - Paws - INFO - Attempting download:
 gdelt-open-data, events/1979.csv, 1979.csv
1979.csv
```

这就是开始向机器学习项目添加强大命令行工具所需要的全部内容。最后一步是将其集成到测试基础设施中。幸运的是，click 也支持测试 (http://click.pocoo.org/5/testing/)。可使用此命令创建新文件 touch tests/ test_paws_cli.py。在列表 2.5 中，编写测试代码以验证命令行工具的 __version__ 变量流。

**列表 2.5　pcli 的 click 命令行测试**

```
import pytest
import click
from click.testing import CliRunner
```

```
from pcli import cli
from paws import __version__

@pytest.fixture
def runner():
    cli_runner = CliRunner()
    yield cli_runner


def test_cli(runner):
    result = runner.invoke(cli, ['--version'])
    assert __version__ in result.output
```

还需修改Makefile以允许显示新创建命令行工具的覆盖率报告。make命令make test的输出结果显示如下。添加cov=pli，一切运行正常，计算出代码覆盖率。

```
(.pragia-aws) ➜  make test
PYTHONPATH=. && pytest -vv --cov=paws --cov=pcli tests/*.py
============================================================
test session starts
============================================================
platform darwin -- Python 3.6.2, pytest-3.2.1, py-1.4.34,
/Users/noahgift/.pragia-aws/bin/python3
cachedir: .cache
rootdir: /Users/noahgift/src/pragai-aws, inifile:
plugins: cov-2.5.1, nbval-0.7
collected 2 items

tests/test_paws_cli.py::test_cli PASSED
tests/test_s3.py::test_download PASSED

---------- coverage: platform darwin, python 3.6.2-final-0
Name                   Stmts   Miss  Cover
------------------------------------------
paws/__init__.py           1      0   100%
paws/s3.py                12      2    83%
pcli.py                   19      7    63%
------------------------------------------
TOTAL                     32      9    72%
```

### 2.5.5 集成AWS CodePipeline

处理AWS的丰富项目框架是工作、测试和构建。下面介绍集成AWS CodePipeline工具链。AWS CodePipeline是AWS上非常强大的工具集合，其作用类似于持续交付的瑞士军刀。它具有向许多不同方向扩展的灵活性。在本示例中，将设置一个基本构建服务器配置，它在 GitHub 更改时触发。首先，创建一个新的文件 touch buildspec.yml。然后，使用在本地运行的 make 命令填充它，见列表 2.6。

为了获得此构建，在 AWS 控制台中创建一个新的 CodePipeline。注意，在 buildspec.yml 文件中，从 CodeBuild 使用的 Docker 容器中创建了一组伪证书，它用来模拟 Python Boto 调用的 Moto 库。

**列表 2.6　pcli 的 click 命令行测试**

```
version: 0.2

phases:
  install:
    commands:
      - echo "Upgrade Pip and install packages"
      - pip install --upgrade pip
      - make install
          # create the aws dir
      - mkdir -p ~/.aws/
      # create fake credential file
      - echo "[default]\naws_access_key_id = \
        FakeKey\naws_secret_access_key = \
        FakeKey\naws_session_token = FakeKey" >\
        ~/.aws/credentials

  build:
    commands:

      - echo "Run lint and test"
      - make lint
      - PYTHONPATH=".";make test
  post_build:
    commands:
      - echo Build completed on `date`
```

在 AWS CodePipeline 的控制台中，只需很少步骤就能构建工作。首先，创建管道名称 paws，如图 2.1 所示。

在图 2.2 中，选择 GitHub 作为从中提取的源，并选择 GitHub 存储库名称和分支。在此情况下，每次更新主分支都会引起改变。

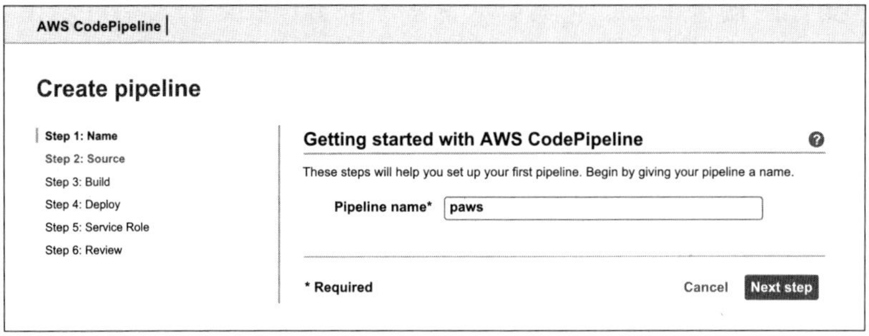

图 2.1 创建 CodePipeline 名称

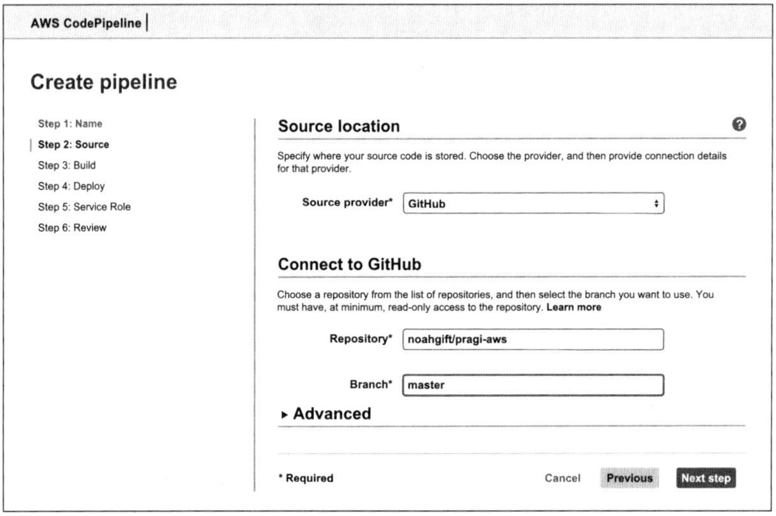

图 2.2 创建 CodePipeline 源

下一步是构建步骤，该步骤比任何其他步骤都多 (参见图 2.3)。需要注意的最重要的部分是使用自定义 Docker 映像，它展示了 CodePipeline 的强大功能。此外，构建步骤被告知要查找 GitHub 存储库根目录下的 buildspec.yml 文件，它是在列表 2.6 中创建的文件。

图 2.4 是部署步骤，这不是必须要设置的内容，此步可将项目部署到 Elastic Beanstalk。

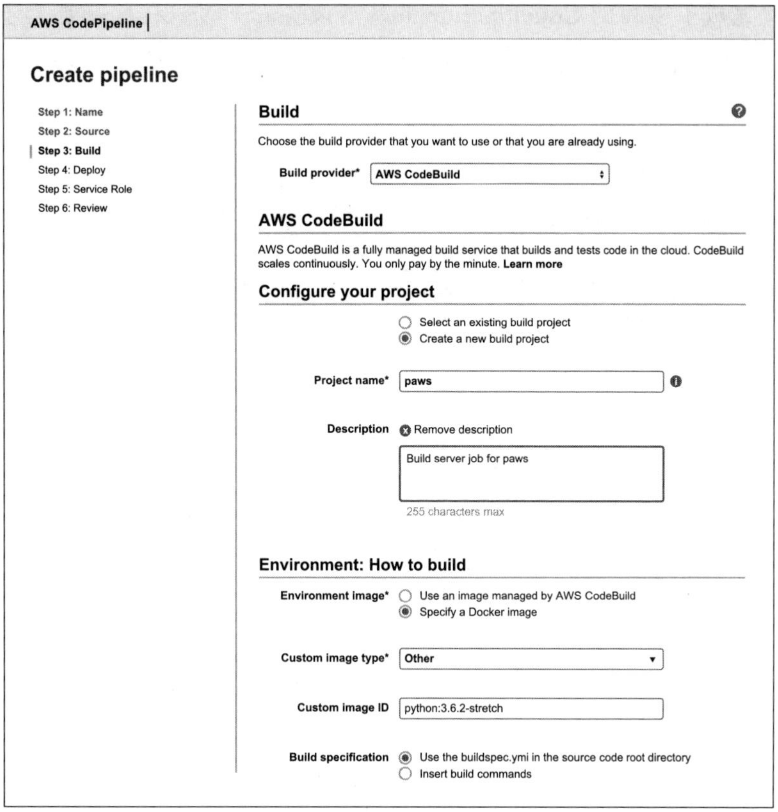

AWS CodePipeline

Create pipeline

Step 1: Name
Step 2: Source
Step 3: Build
Step 4: Deploy
Step 5: Service Role
Step 6: Review

Build

Choose the build provider that you want to use or that you are already using.

Build provider* AWS CodeBuild

AWS CodeBuild

AWS CodeBuild is a fully managed build service that builds and tests code in the cloud. CodeBuild scales continuously. You only pay by the minute. Learn more

Configure your project

Select an existing build project
Create a new build project

Project name* paws

Description Remove description
Build server job for paws
255 characters max

Environment: How to build

Environment image* Use an image managed by AWS CodeBuild
Specify a Docker image

Custom image type* Other

Custom image ID python:3.6.2-stretch

Build specification Use the buildspec.yml in the source code root directory
Insert build commands

图 2.3 创建 CodePipeline 构建

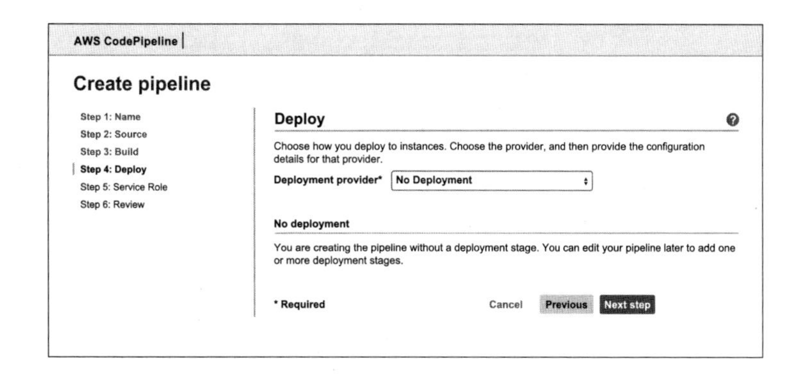


图 2.4 创建 CodePipeline 部署

图 2.5 给出了创建管道向导的最后步骤，图 2.6 展示了 GitHub 触发后的成功构

建。这样就完成了项目的 CodePipeline 的基本设置。不过，在此基础上还有许多事情可做：可触发 Lambda 函数，可发送 SNS 消息，还可触发多个同步构建以测试不同 Python 版本下代码的多种版本。

图 2.5 审核 CodePipeline

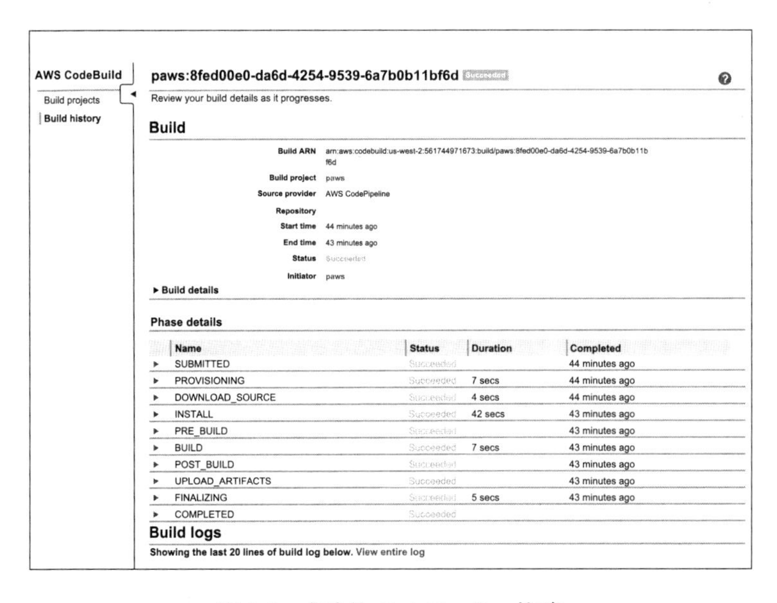


图 2.6 成功的 CodePipeline 构建

## 2.6 数据科学中的基本 Docker 容器设置

在与刚接触数据科学的学生打交道时，会发现同一主题的问题不断涌现：他们的环境不再适用。这是一个极大的问题，但是由于有像类似 Docker 容器的工具，该情况正在逐步得到改善。至少对于 Mac 用户而言，Mac Unix 环境和生产 Linux 环境有相似之处；但 Windows 却是完全陌生的世界，这就是为什么 Windows 上的 Docker 容器是使用该平台的数据科学家的强大工具。

在 OS X、Linux 或 Windows 操作系统中安装 Docker，可参考 https://www.docker.com/ 网站上的指南。使用默认数据科学组进行实验的好去处是使用 jupyter/datascience-notebook（https://hub.docker.com/r/jupyter/datascience-notebook/）。其中一个 Notebook 安装有 Docker，于是执行 docker pull，启动 Notebook 就是一条单行命令。

```
docker run -it --rm -p 8888:8888 jupyter/datascience-notebook
```

为使用 AWS Batch 运行批处理作业，生产团队可针对团队笔记本电脑上的 dockerfile 进行开发，将其签入源代码并注册到 AWS 私有 Docker 注册表中。然后，当批处理作业运行时，可保证它们的执行方式与团队笔记本电脑中的完全相同。这绝对是未来的趋势，建议务实团队跟上 Docker 的步伐。Docker 不仅在本地开发中节省了大量时间，而且对于运行作业的许多实际问题，Docker 不只是可选的，它还是必需的。

## 2.7 其他构建服务器：Jenkins、CircleCI、Codeship 和 Travis

虽然本章讨论了 CodePipeline，但它是 AWS 的特定产品。一些其他的很好服务还包括 Jenkins(https://jenkins.io/)、CircleCI(https://circleci.com/)、Codeship(https://codeship.com/）和 Travis（https：//travis-ci.org/)。这些服务都有各自的优缺点，但总体上说它们也是基于 Docker 的构建系统。这也是另一个围绕 Docker 建立坚实基础的理由。

为了得到更多的启发，你可以查看在 CircleCI 上创建的一个示例项目：https://github.com/noahgift/myrepo。

## 2.8 小结

本章介绍了与机器学习相关的 DevOps 基本知识，创建了样本持续交付管道和项目结构，它可用作机器学习管道的构建块。项目获得数月成功很容易，我们也要意识到缺乏基础设施最终会对项目的长期生存造成威胁。

最后，对 Docker 进行了详细的介绍。坦白地说，Docker 是未来的发展方向，所有数据团队都需要了解它。对于像构建大规模生产环境 AI 系统这样的真正大问题，Docker 一定是所部署的解决方案的一部分。

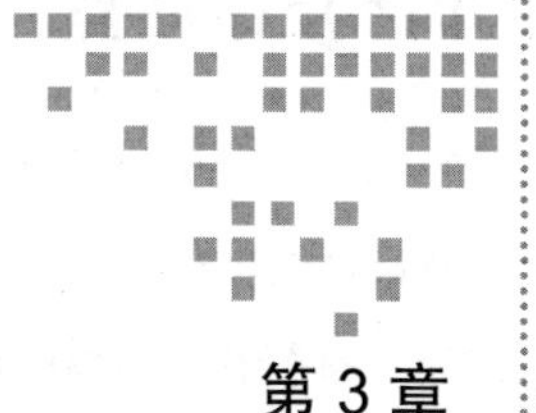

第 3 章 Chapter 3

# 斯巴达式 AI 生命周期

无所畏惧地走出去，看看会发生什么，毕竟已一无所有。

——韦德·范·尼克克

在构建软件的过程中，许多工作可能看起来并不重要但后来证明却是至关重要的。或者，许多工作看起来很重要，但可能是一条错误的路径。一种有用的启发式方法是从反馈回路角度思考问题。在一项任务中，正在做的工作要么会加速反馈回路，要么会阻止反馈回路。

斯巴达式 AI 生命周期就是这种启发式精神。要么加速工作使其更有效率，要么完全相反。如果需要优化反馈回路的一个内环，比如获得更好的单元测试或者更可靠的提取、转换和加载 (ETL) 服务，那么应该以不阻止其他反馈回路的方式进行。

在本章中，我们将在实际问题中讨论这种思考方法，如构建自己的机器学习模型与调用 API，或者锁定供应商而不是自己构建机器学习模型。像斯巴达式 AI 战士一样思考意味着不要去做那些不能提高整个系统和每个子系统效率的工作。归根结底就是一句话，有些工作比其他工作更重要，这是杜绝废话的另一种方式。

## 3.1 实用生产反馈回路

在图 3.1 中，技术反馈回路描述了技术创造背后的思维过程。无论是创建机器学习模型还是 Web 应用程序，都需要考虑技术反馈回路。如果反馈回路缓慢、断开或不相互关联，将付出惨痛代价。本章将介绍我工作过的部门中反馈回路断开的示例。

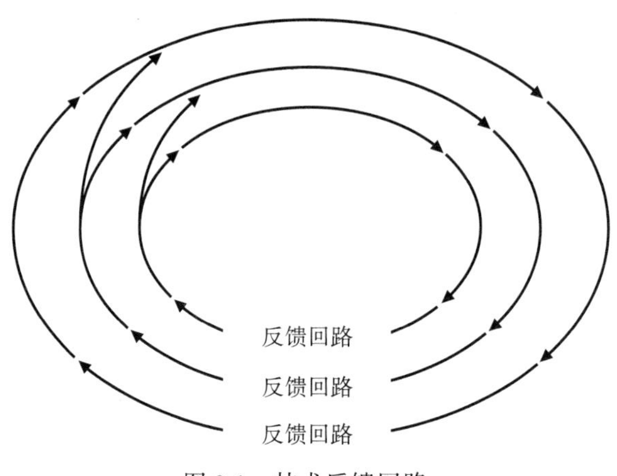


图 3.1 技术反馈回路

对于初创公司和某些公司来说，开发人员不经常提交代码是常见问题。我在名为 Active Ratio 开源项目 devml 中创建了一个比率，用它来查看开发人员平均签入代码的时间百分比。例如，查看开发人员是否每周 5 天中平均有 4 天签入代码，还是大约每周签入一次代码，或者在极端情况下每 3 个月签入一次代码。

一个普遍的错误观念是开发人员和管理人员沾沾自喜地谈论如何把源代码指标作为误导，比如每天产出毫无意义的代码行数。源代码指标只是很难解释，但并不意味着这些信息没有价值。Active Ratio 关注源代码的行为，这比虚荣的指标要有用得多。很好的示例就是观察物理世界。如果一名油漆工给别人粉刷房子时只用 25% 的时间粉刷，这会怎样呢？我们可能想到几个选项，显而易见，一个选项是油漆工可能做得不好或者在利用客户；不那么明显但可能的另一个选项是该项目的管理可能很糟糕。如果总承包商一直用水泥卡车堵住通往房子的主要道路且油漆工连续几天无法到达工地怎么办？这就是断开反馈回路。

的确有要求软件开发人员每周工作7天、每天工作12小时的这种被误用到恶劣工作环境的情况，但是可用某些方法观察公司的行为信息，从而理性地优化性能并帮助团队更有效地交付。理想情况下，油漆工周一到周五粉刷，软件团队周一到周五编写代码。但是软件创造发明不同于体力劳动，这意味着过分劳累会导致糟糕的软件发明。这就是为什么我不鼓励人们关注Active Ratio，不鼓励开发人员每周工作7天并每天提交代码，也不鼓励开发人员进行史诗般的400天连续提交，即每天向GitHub提交代码。

相反，围绕反馈回路的行为指标要做的事情是鼓励成熟团队关注实际发生了什么。也许软件团队缺乏有效的项目管理，他们每周只几天提交代码。我绝对见过此类公司，他们让Scrum管理员或创始人把开发人员吸引到频繁的日常会议中，而这些会议会浪费每个人的时间。事实上，如果该问题得不到解决，公司几乎肯定会倒闭。通往工地的路肯定是断开了。这些情况都可通过钻研反馈回路的指标来发现。

另一个反馈回路是数据科学反馈回路。公司如何真正解决与数据相关的问题？反馈回路是什么？具有讽刺意味的是，许多数据科学团队并没有真正为组织增加价值，因为反馈回路断开了。它是怎么断开的？主要原因是没有反馈回路。这里提出了几个问题。

- 团队是否可以在生产系统上随意运行实验？
- 团队是否只在小型、不切实际的数据集上运行Jupyter Notebook和Pandas实验？
- 数据科学团队多久向生产部门发送一次经过训练的模型？
- 公司是否不愿意使用或不知道像Google Cloud Vision API或Amazon Rekognition这样的经过预训练的机器学习模型？

关于机器学习的一个公开秘密是，通常所建议的工具（如Pandas、scikit-learn、R DataFrames等）在生产工作流程中不能很好地工作。相反，使用大数据工具（如PySpark）和专有工具（如AWS SageMaker、Google TPU）等的均衡方式是创建实用解决方案的必要部分。

断开反馈回路的一个示例是生产 SQL 数据库，该数据库不是为机器学习架构专门设计的。开发人员很乐意编写代码，而数据工程任务则依赖于使用自行生成的 Python 脚本将 SQL 数据库中的表转换成有用的数据，这些脚本将文件转换成 CSV 文件，并使用 Pandas（以 scikit-learn 特定方式）对 CSV 文件进行分析。这里的反馈回路是什么？

这是一条死胡同，因为即使最终数据稍微可以使用，但它采用了生产中不能使用的工具进行分析且机器学习模型不能部署到生产中。作为管理者，我见过许多数据科学家们并不十分关心将机器学习模型投入到生产过程，但是他们应该关心这一点，因为它实现了反馈回路。业界缺少实用主义，其中一种解决方案就是确保有机器学习反馈回路并使代码投入生产过程中。

2017 ~ 2018 年，实现这种反馈回路的工具取得了极大的进展。本章提到的一些工具旨在解决该问题。如 AWS SageMaker 侧重于快速迭代训练机器学习模型并将其部署到 API 端点上；另一个 AWS 工具 AWS Glue 通过连接数据源（如 SQL 数据库）来管理 ETL 进程，对数据源执行 ETL 并将它们写回到其他数据源（如 S3 或另一个 SQL 数据库）。

Google 也有类似的工具链，如 BigQuery 是生产环境机器学习的核心产品之一，因为它能处理在其上创建的几乎所有性能工作负载。Google 生态系统的其他部分还提供了有效的机器学习 /AI 反馈回路，如 TPU、Datalab 和 AI API。

有一种说法认为数据就是新石油，大家会坚守这一比喻，你不能只把石油放在内燃机里。为此，需要一种基于石油的反馈回路。首先是使用工业级机器（即云提供商公开的产品服务）寻找和提炼石油，然后石油经过运输和精炼，最后输送到加油站。想象一下此种情况：工程师们正在坑里钻孔，专门的实验室正尝试提炼石油，然后将成批的汽油装进汽车，不知何故，这些汽车找到了通往钻井现场的路。这就是许多公司数据科学所处的现状，也是数据科学将迅速发生改变的原因。

认识到这一挑战和机遇并采取行动将是许多组织的交叉路口。修补数据不能削减数据，实验室需要改造成精炼厂，以将高质量、大批量的数据重新投入生产。通过挖掘现场来创建定制、批量的高能燃料，这种方式就像在真空中开展数据科学一样实用。

## 3.2 AWS SageMaker

SageMaker 是来自 Amazon 的一项出色技术，它实际上解决了本章前讨论过的一大问题，即它完成了现实世界中机器学习的一个闭环回路。图 3.2 强调了该过程：首先通过 Notebook 实例执行 EDA 和模型训练。接着在机器上启动作业、训练模型，然后默默地将端点部署到生产中。

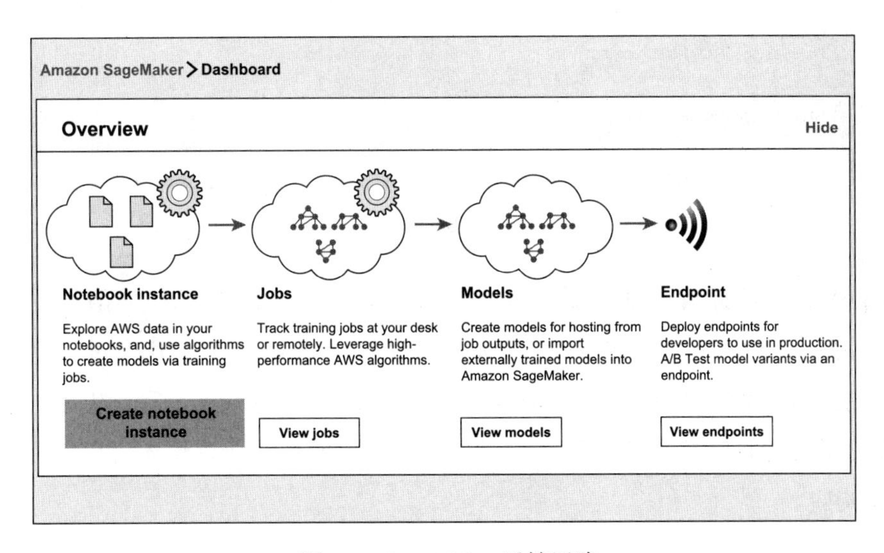


图 3.2 SageMaker 反馈回路

最后，使用 Boto 能让 SageMaker 变得极其强大；使用 Chalice 或原始 AWS Lambda 甚至端点都很容易将 Boto 放进 API 中，如图 3.3 所示。

Boto 实践起来十分简单。

```
import boto3
sm_client = boto3.client('runtime.sagemaker')
response = sm_client.invoke_endpoint(EndpointName=endpoint_name,
                                     ContentType='text/x-libsvm',
                                     Body=payload)
```

```
result = response['Body'].read()
result = result.decode("utf-8")
print(result)
```

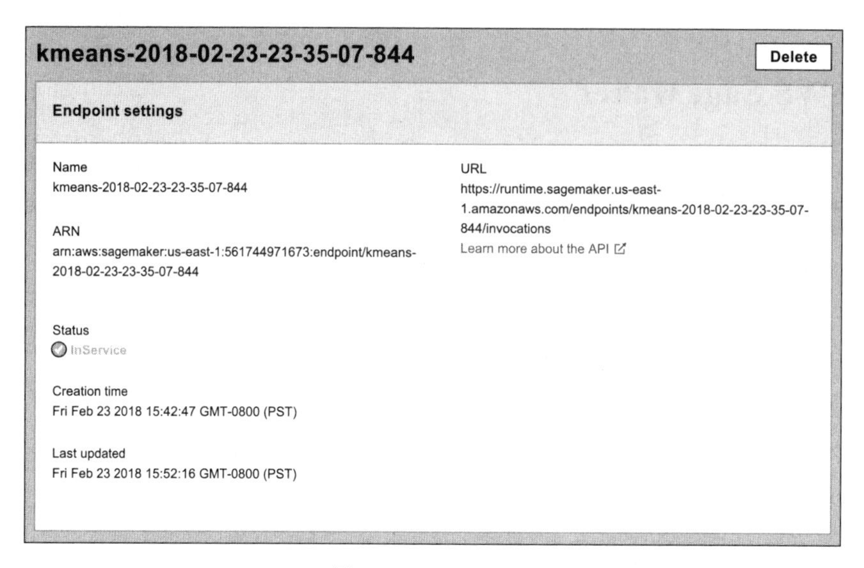


图 3.3 SageMaker

SageMaker 还拥有内建的机器学习模型，比如拥有经典的 k 均值、神经网络模型、主成分分析等。SageMaker 算法打包成 Docker 映像，它几乎可使用任何算法。它的强大之处在于通过 SageMaker k 均值的使用，在生成可重复生产工作流程时，能有效地保证性能和兼容性。同时，高度优化的自定义算法还可用作可重复的 Docker 构建。

## 3.3 AWS Glue 反馈回路

AWS Glue 是主反馈回路内部的反馈回路的很好实例。传统 SQL 和 NoSQL 数据库存在内部被错误脚本爬行的危机。AWS Glue 在解决此问题方面做了很多工作。AWS Glue 是一种完全托管的 ETL 服务，可以减轻 ETL 的诸多典型缺陷。

图 3.4 显示了它是如何工作的。

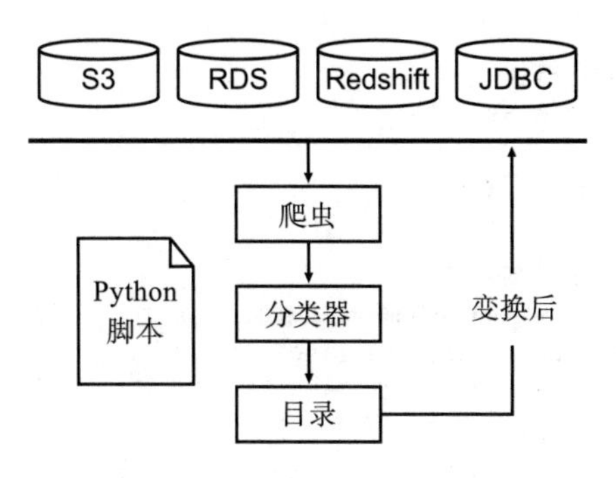


图 3.4 AWS Glue ETL 管道

下面是 AWS Glue 工作原理的示例。现有一传统的 PostgreSQL 数据库，功能是启动存储客户数据库。当 AWS Glue 连接到该数据库后，就能推断出其纲要，如图 3.5 所示。

纲要

| | 列名 | 数据类型 | 键 |
|---|---|---|---|
| 1 | updated_at | timestamp | |
| 2 | name | string | |
| 3 | created_at | timestamp | |
| 4 | id | int | |
| 5 | locale | string | |

图 3.5 AWS Glue

接下来，创建一个可以是 Python 或 Scala 脚本的作业，该脚本将把纲要转换为另一种格式和目标。脚本如下（# 是空格的缩写），用户可以接受这些存储在 S3 中的默认脚本，也可以对它们进行调整。

```
import sys
from awsglue.transforms import *
from awsglue.utils import getResolvedOptions
from pyspark.context import SparkContext
from awsglue.context import GlueContext
from awsglue.job import Job
## @params: [JOB_NAME]
args = getResolvedOptions(sys.argv, ['JOB_NAME'])
####abbreviated
```

```
sc = SparkContext()
glueContext = GlueContext(sc)
spark = glueContext.spark_session
job = Job(glueContext)
job.init(args['JOB_NAME'], args)
####abbreviated
## @inputs: [frame = applymapping1]
datasink2 = glueContext.write_dynamic_frame.\
        from_options(frame = applymapping1,
        connection_type = "s3",
        connection_options =\
        {"path": "s3://dev-spot-etl-pg/tables/scrummaster"},
        format = "csv", transformation_ctx = "datasink2")
job.commit()
```

之后，可以通过触发器（事件或 cron 作业）来调度这些作业。当然，也可使用 Boto 通过 Python 编写脚本。该服务的最好部分是业务连续性。如果开发人员退出或者被解雇，则后面的开发人员可以轻松地维护该项服务。这是一个可靠的反馈回路，它不取决于特定关键员工的个人实力。

AWS Glue 也非常适合作为更大的数据处理管道的一部分。除了连接到关系数据库之外，AWS Glue 还可以对存储在 S3 中的数据执行 ETL 操作。这些数据的一个潜在来源是 Amazon Kinesis 服务，该服务可将数据流转存到 S3 存储桶中。下面是一个示例，说明某些异步 firehose 事件发送到 S3 时，该管道可能呈现的状态。首先，创建与 Boto3 Firehose 客户端的连接并创建一个 asyncio 事件。

```
import asyncio
import time
import datetime
import uuid
import boto3
import json


LOG = get_logger(__name__)

def firehose_client(region_name="us-east-1"):
    """Kinesis Firehose client"""

    firehose_conn = boto3.client("firehose", region_name=region_name)
    extra_msg = {"region_name": region_name,\
        "aws_service": "firehose"}
```

```
    LOG.info("firehose connection initiated", extra=extra_msg)
    return firehose_conn

async def put_record(data,
            client,
            delivery_stream_name="test-firehose-nomad-no-lambda"):
    """
    See this:
        http://boto3.readthedocs.io/en/latest/reference/services/
        firehose.html#Firehose.Client.put_record
    """
    extra_msg = {"aws_service": "firehose"}
    LOG.info(f"Pushing record to firehose: {data}", extra=extra_msg)
    response = client.put_record(
        DeliveryStreamName=delivery_stream_name,
        Record={
            'Data': data
        }
    )
    return response
```

接着，创建一个唯一的用户 ID (UUID)，用于异步流中发送的事件。

```
def gen_uuid_events():
    """Creates a time stamped UUID based event"""
    current_time = 'test-{date:%Y-%m-%d %H:%M:%S}'.\
    format(date=datetime.datetime.now())
    event_id = str(uuid.uuid4())
    event = {event_id:current_time}
    return json.dumps(event)
```

最后，异步事件循环将这些消息触发到 Kinesis，Kinesis 最终将这些消息放入 S3 中，以便 AWS Glue 进行转换。完成循环还需要连接 Glue S3 爬虫程序，它检查纲要并创建表，可以将这些表转换为稍后运行的 ETL 作业，如图 3.6 所示。

```
def send_async_firehose_events(count=100):
    """Async sends events to firehose"""

    start = time.time()
    client = firehose_client()
    extra_msg = {"aws_service": "firehose"}
    loop = asyncio.get_event_loop()
    tasks = []
    LOG.info(f"sending aysnc events TOTAL {count}",extra=extra_msg)
    num = 0
```

```
for _ in range(count):
    tasks.append(asyncio.ensure_future(
            put_record(gen_uuid_events(), client)))
    LOG.info(f"sending aysnc events: COUNT {num}/{count}")
    num +=1
loop.run_until_complete(asyncio.wait(tasks))
loop.close()
end = time.time()
LOG.info("Total time: {}".format(end - start))
```

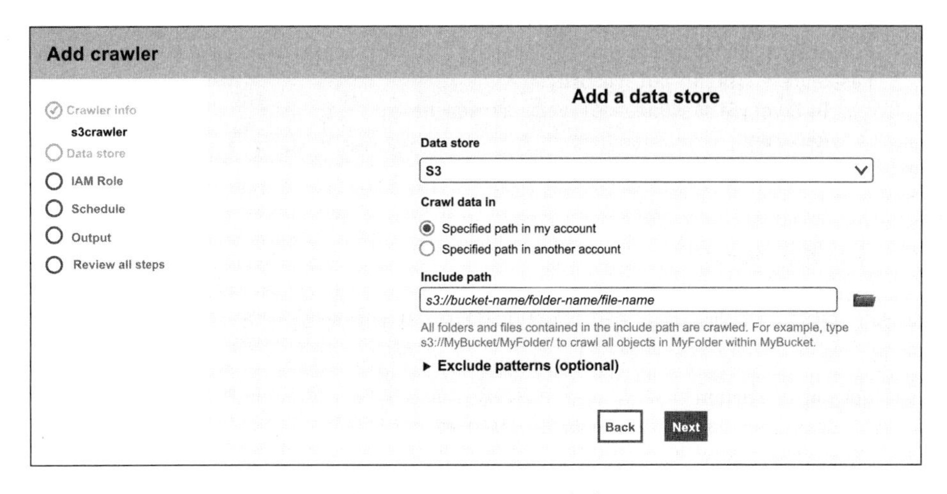


图 3.6 AWS Glue S3 爬虫

## 3.4 AWS 批处理

AWS 批处理（AWS Batch）是让公司和数据科学团队免于编写无意义代码的另一项服务。该服务通常要运行批处理作业，这些作业执行 k 均值聚类或数据管道的预处理操作等。另外，当有核心员工离职时，该项服务往往能避免断开的反馈回路濒临崩溃。

图 3.7 中的 AWS 批处理管道示例展示了结合几个预构建服务来创建一个相当可靠的服务，这种服务使用了 AWS 图像识别的“成品图像分类”和 AWS 的“成品”批处理和事件处理工具。

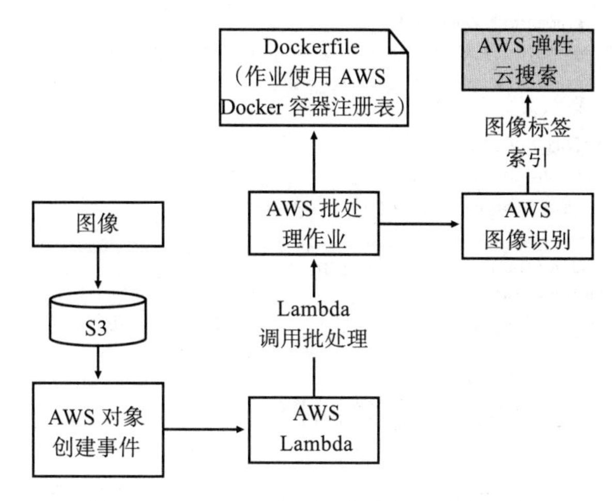


图3.7 AWS批处理图像分类机器学习管道

与管道的其他部分类似，AWS批处理可以通过Python和Boto调用，使用AWS Lambda可能与使用AWS Chalice框架十分相似。像过去常常涉及的极为复杂的本地混乱或者较不复杂的低级AWS服务编排问题，比如简单队列服务（Simple Queue Service, SQS）和简单通知服务（Simple Notification Service, SNS），即使功能强大，但使用起来也很复杂，AWS批处理解决了这一重大问题。

```
def batch_client():
    """Create AWS Batch Client
    {"message": "Create AWS Batch Connection"}
    {"message": "Found credentials in shared credentials file:
          ~/.aws/credentials"}
    """

    log.info(f"Create AWS Batch Connection")
    client = boto3.client("batch")
    return client

def submit_job(job_name="1", job_queue="first-run-job-queue",
            job_definition="Rekognition",
            command="uname -a"):
    """Submit AWS Batch Job"""

    client = batch_client()
    extra_data = {"jobName":job_name,
            "jobQueue":job_queue,
            "jobDefinition":job_definition,
```

```
                "command":command}
    log.info("Submitting AWS Batch Job", extra=extra_data)
    submit_job_response = client.submit_job(
        jobName=job_name,
        jobQueue=job_queue,
        jobDefinition=job_definition,
        containerOverrides={'command': command}
    )
    log.info(f"Job Response: {submit_job_response}",
          extra=extra_data)
    return submit_job_response
```

## 3.5 基于 Docker 容器的反馈回路

本书给出的诸多技术的核心都包含了 Docker 文件，它是一个非常强大的微反馈回路。通过 AWS 和谷歌云平台（GCP），还可以打包自己的 Docker 容器并为其提供注册表服务。直到不久之前 Docker 还十分脆弱，但今天几乎没有理由怀疑 Docker 是划时代的技术。

在机器学习中使用 Docker 有多条理由。从微观的层面开始，在笔记本电脑中处理打包问题只是浪费时间，因为你能在干净沙盒中调用文件，从而获得一个干净的环境。

当你可以声明完全符合环境的 Dockerfile 并确保生产过程和 OS X、Linux 及 Windows 机器能很好地工作，你就不需要徘徊在 pip install 和 conda 软件包管理工具中并与整个公司组织发生冲突。

下面给出一个用于测试基于 Lambda 的应用程序的 Dockerfile 示例。它既简短（因为基于 Amazon Linux Dockerfile 构建），又具有描述性。

```
FROM amazonlinux:2017.09

RUN yum -y install python36 python36-devel gcc \
     procps libcurl-devel mod_nss crypto-utils \
     unzip

RUN python3 --version

# Create app directory and add app
```

```
ENV APP_HOME /app
ENV APP_SRC $APP_HOME/src
RUN mkdir "$APP_HOME"
RUN mkdir -p /artifacts/lambda
RUN python3 -m venv --without-pip ~/.env && \
 curl https://bootstrap.pypa.io/get-pip.py | \
     ~/.env/bin/python3

#copy all requirements files
COPY requirements-testing.txt requirements.txt ./

#Install both using pip
RUN source ~/.env/bin/activate && \
    pip install --install-option="--with-nss" pycurl && \
    pip install -r requirements-testing.txt && \
        source ~/.env/bin/activate && \
            pip install -r requirements.txt
COPY . $APP_HOME
```

要将其与 AWS 容器注册表集成，你需要登录。

```
AWS_PROFILE=metamachine
AWS_DEFAULT_REGION=us-east-1
export AWS_PROFILE
export AWS_DEFAULT_REGION

aws ecr get-login --no-include-email --region us-east
```

然后在本地构建该映像。

```
docker build -t metamachine/lambda-tester .
```

接下来，标记它。

```
docker tag metamachine/lambda-tester:latest\
 907136348507.dkr.ecr.us-east-1.amazonaws.com\
/metamachine/myorg/name:latest
```

然后，将其推送到 AWS 注册表。

```
docker push 907136348507.dkr.ecr.us-east-1.amazonaws.com\
/metamachine/lambda-tester:latest
```

此时，组织其他成员可通过本地下拉来运行此映像。

```
docker pull 907136348507.dkr.ecr.us-east-1.amazonaws.com\
/metamachine/lambda-tester:latest
```

接下来，运行映像十分简单。下面是运行映像并挂载本地文件系统的示例。

```
docker run -i -t -v `pwd`:/project 907136348507.\
dkr.ecr.us-east-1.amazonaws.com/ \
metamachine/lambda-tester /bin/bash
```

这里仅列举了如何使用 Docker 的示例，但本质上讲，从运行批处理作业到运行定制的 Jupyter Notebook 数据科学工作流，本书所提供的服务也能与 Docker 进行某种程度的交互。

## 3.6 小结

反馈回路对于超越组织中的数据科学实验室思维至关重要。从某种意义上说，数据科学这个术语可能是分类解决组织中机器学习问题的错误方法。务实地解决 AI 问题需要更多地关注结果而不仅是技术。归根结底，花费数月时间为一些永远无法投入生产的任务选择最佳的机器学习算法只是徒劳无功和浪费金钱。

将更多的机器学习技术投入到生产过程的一种方式就是停止辛勤工作，使用云提供商提供的现成解决方案是避免这种辛勤工作的强大技术。从英雄驱动式开发转向鼓励业务连续性和交付解决方案的组织行为对各方都有益处：对个人贡献者有益处，对业务有益处，对 AI 的发展也有益处。

第二部分 Part 2

# 云端人工智能

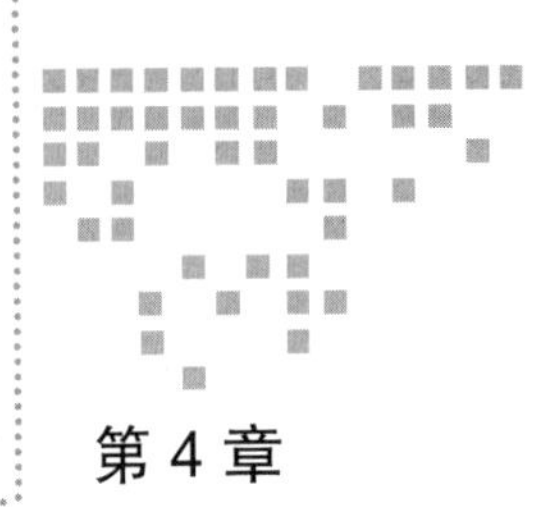

Chapter 4 第4章

# 使用Google云平台开发云端AI

每个赛季组建一支球队无捷径可走，只有脚踏实地夯实基础。

——比尔·贝利

对于开发人员和数据科学家来说，Google云平台（GCP）有很多优点。它们的许多服务的目标是让开发体验变得有趣和强大。Google在云计算的某些方面一直处于领先地位，而AWS最近才开始认真对待。早在2008年，App Engine就作为基于Python的平台即服务（PAAS）发布，它可访问Google云数据存储，这是一个完全托管的NoSQL数据库服务。

直接解决客户需求是Amazon的首要任务，Amazon在直接满足客户需求方面创造了很多奇迹。Amazon的核心价值观之一就是客户至上以及保持节俭。这种结合导致了低成本云服务和功能的涌现，而谷歌起初似乎不愿或无法与之竞争。多年来，人们甚至找不到任何Google服务，像Google应用引擎这样的早期创新也几乎因为被忽视而夭折。Google营收的真正推动力一直是广告，而Amazon则是产品。其结果是，AWS在全球范围内创造了约30%~35%云市场份额的压倒性领先优势。

人们对人工智能和应用大数据的兴趣呈爆炸式增长为Google云创造了机遇，

同时 Google 也抓住了这些机遇。Google 从第一天成立起就是一家机器学习和大数据公司，它创造了大量武器来攻击云市场领导者 AWS。虽然 Google 的某些云服务相对落后，但它在一些机器学习和 AI 服务方面一直保持领先。云端机器学习和 AI 服务的新战场已经出现，GCP 将成为该领域最强大的竞争对手之一。

## 4.1　Google 云平台概述

2017 年，Google 从数字广告净销售额中获利约 740 亿美元，但从云服务中获利仅约 40 亿美元。这种差异的益处是，有充足的资金资助云服务领域的创新研发。TPU 就是一个很好的示例，它比当代的 GPU 和 CPU 快 15~30 倍（https://cloud.google.com/blog/ big-data/2017/05/an-in-depth-look-at-googles-first-tensor-processing-unit-tpu）。

除了为 AI 构建专用芯片外，Google 还致力于创建有用的 AI 服务，这些服务包括开箱即用的预训练模型，如云视觉 API、云语音 API 和云翻译 API。这种实用主义理念也是本书的主题。旧金山湾区不乏这样的公司，这里挤满了从事无关紧要工作的工程师和数据科学家，他们忙于制作可能永远不会给公司组织带来真正价值的 Jupyter Notebook。

与前端开发人员一样，他们在预期的 6 个月时间内重写网站，包括从主干网到 Angular 到 Vue.js，这是一个非常现实的问题。对于开发人员来说，这样做有一定的价值，因为这意味着他们能使用此框架更新摘要，但同时他们也损害了自己，因为他们没有学会如何从现有资源中创建有用的生产解决方案。

GCP 预训练模型和高级工具在这方面发挥了积极作用。许多公司会从调用 GCP API 中获益，而不是采用将前端移植到当月的 Javascript 框架这种方式进行数据科学开发。这还有助于为团队增加一些缓冲，使他们可以快速地交付结果并处理更困难的问题。

GCP 提供的一些高级服务能为数据科学团队增加很多价值。其中一项服务是

Datalab，Datalab 有一个名为 Colaboratory 的类似免费产品。这些服务通过消除包管理困境创造了极大的价值。另外，由于它们易于与 GCP 平台集成，测试服务和原型解决方案变得更加容易。还有，随着 Google 收购了 Kaggle 数据科学公司（http://kaggle.com/），Kaggle 可以深度集成 Google 工具套件，从而能更容易雇用到掌握 BigQuery 的数据科学家。这是 Google 的明智之举。

与 AWS 平台的一点不同是 GCP 颁布了高级 PaaS 服务，如 Firebase。

## 4.2 Colaboratory 合作实验工具

Colaboratory 合作实验工具来自 Google 研究项目，它无须安装直接在云中运行。Colaboratory 工具基于 Jupyter Notebook，它能免费使用且预先安装了许多软件包，如 Pandas、matplotlib 和 TensorFlow。Colaboratory 的一些很有用的开箱即用特性，使许多用例变得生动有趣。

Colaboratory 工具的一些有趣特性如下。

- 易于与 Google 工作表、Google 云存储和本地文件系统集成，并能将它们转换为 Pandas DataFrame。
- 同时支持 Python 2 和 Python 3。
- 支持上传 Notebook。
- Notebook 存储在 Google 云端硬盘中，并且能搭载相同的共享功能，使 Google 云端硬盘文档易于使用。
- 支持两个用户同时编辑 Notebook。

Colaboratory 工具最吸引人的一个部分是它能为基于 Jupyter Notebook 的项目创建一个共享的训练实验室。一些极为棘手的问题立即得到解决，如共享、处理数据集和安装库。使用 Colaboratory 工具的另一个用例是通过编程创建连接到公司组织 AI 管道的 Colaboratory Notebook，可以预先填充 Notebook 目录以访问 BigQuery 查询或机器学习模型（未来项目的模板）。

下面是 hello-world 工作流，可参考 GitHub 上的 Notebook（https://github.com/noahgift/pragmaticai-gcp/blob/master/notebooks/dataflow_sheets_to_pandas.ipynb）。在图 4.1 中，创建一个新的 Notebook。

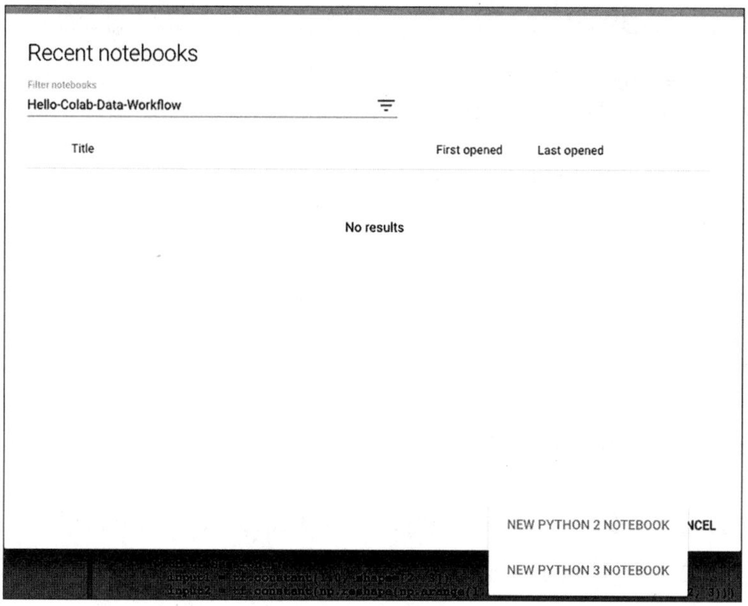

图 4.1　Colaboratory Notebook 创建

接下来，安装 gspread 库。

```
!pip install --upgrade -q gspread
```

对电子表格进行写操作需要进行身份验证，并且会创建一个 gc 对象，代码如下。

```
from google.colab import auth
auth.authenticate_user()

import gspread
from oauth2client.client import GoogleCredentials

gc = gspread.authorize(GoogleCredentials.get_application_default())
```

gc 对象用于创建一个电子表格，其中有一栏填入 1 到 10 的值。

```
sh = gc.create('pramaticai-test')
worksheet = gc.open('pramaticai-test').sheet1
cell_list = worksheet.range('A1:A10')

import random
count = 0
for cell in cell_list:
  count +=1
  cell.value = count
worksheet.update_cells(cell_list)
```

最后，电子表格转换为 Pandas 数据帧。

```
worksheet = gc.open('pramaticai-test').sheet1
rows = worksheet.get_all_values()
import pandas as pd
df = pd.DataFrame.from_records(rows)
```

## 4.3 Datalab 数据处理工具

GCP 之旅的下一站是 Datalab（https://cloud.google.com/datalab/docs/quickstart）。整个 gcloud 生态系统需要从 https://cloud.google.com/sdk/downloads 安装软件开发工具包（SDK）。Datalab 的另一种安装选择是使用如下终端方式。

```
curl https://sdk.cloud.google.com | bash
exec -l $SHELL
gcloud init
gcloud components install datalab
```

初始化 gcloud 环境后，就可启动 Datalab 实例。一些有趣的现象需要注意，Docker 是一项非常好的技术，它可以用于运行笔记本电脑上的独立版本 Linux，就像在数据中心或未来合作者的其他笔记本电脑上运行一样。

### 4.3.1 使用 Docker 和 Google 容器注册表扩展 Datalab

可以在 Docker 中本地运行 Datalab，具体方法参阅如下入门指南：https://github.com/googledatalab/datalab/wiki/Getting-Started。拥有一个本地友好的 Datalab

版本就可以免费运行，但更有用的是扩展 Datalab 基础映像并将其存储在自己的 Google 容器注册表中，然后用比你的工作站或笔记本电脑更强大的实例去执行它，比如，使用一个拥有 16 核 CPU 和 104GB 存储器的 n1-highmem-32 型云端集群。

突然间，本地笔记本电脑无法解决的问题将变得十分简单。扩展 Datalab Docker 核心映像的工作流将在本节提到的指南中介绍。其基本要点是克隆存储库之后，还需要对 Dockerfile.in 进行修改。

## 4.3.2　使用 Datalab 启动强大的机器

以下是启动 Jupyter Notebook 的一个大型实例，运行情况见图 4.2 所示。

```
➜  pragmaticai-gcp git:(master) datalab create\
 --machine-type n1-highmem-16 pragai-big-instance
Creating the instance pragai-big-instance
Created [https://www.googleapis.com/compute/v1
/projects/cloudai-194723/zones/us-central1-f/
instances/pragai-big-instance].
Connecting to pragai-big-instance.
This will create an SSH tunnel and may prompt you
to create an rsa key pair. To manage these keys, see
https://cloud.google.com/compute/docs/instances/\
adding-removing-ssh-keys
Waiting for Datalab to be reachable at http://localhost:8081/
Updating project ssh metadata...-
```

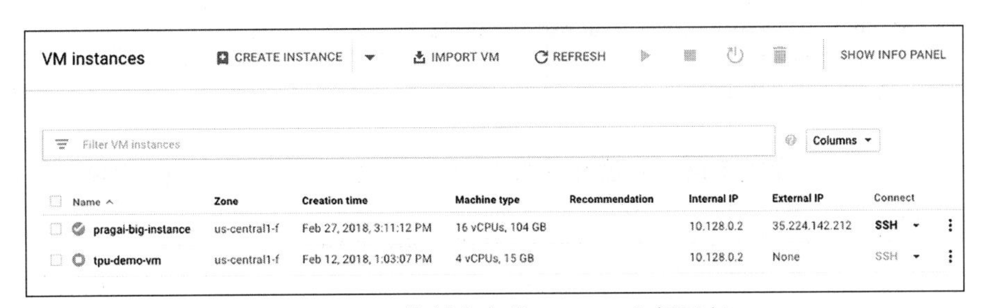


图 4.2　GCP 控制台中的 Datalab 实例运行

为了让本实例发挥作用，我们在 data.world 网站（https://data.world/dataquest/mlb-game-logs）找到了从 1871 年到 2016 年的美国职棒大联盟（Major League

Baseball）比赛日志，这些日志被同步在 GCP 的一个桶中。图 4.3 展示通过 describe 命令将 171 000 行数据加载到 Pandas 数据帧中。

```
gsutil cp game_logs.csv gs://pragai-datalab-test
Copying file://game_logs.csv [Content-Type=text/csv]...
- [1 files][129.8 MiB/129.8 MiB]
 628.9 KiB/s
Operation completed over 1 objects/129.8 MiB.
```

In [19]: df.describe()

Out[19]:

| | date | number_of_game | v_game_number | h_game_number | v_score | h_score | length_outs | attendanc |
|---|---|---|---|---|---|---|---|---|
| count | 171907.000 | 171907.000 | 171907.000 | 171907.000 | 171907.000 | 171907.000 | 140841.000 | 118877.00 |
| mean | 19534616.307 | 0.261 | 76.930 | 76.954 | 4.421 | 4.701 | 53.620 | 20184.247 |
| std | 414932.618 | 0.606 | 45.178 | 45.163 | 3.278 | 3.356 | 5.572 | 14257.382 |
| min | 18710504.000 | 0.000 | 1.000 | 1.000 | 0.000 | 0.000 | 0.000 | 0.000 |
| 25% | 19180516.000 | 0.000 | 38.000 | 38.000 | 2.000 | 2.000 | 51.000 | 7962.000 |
| 50% | 19530530.000 | 0.000 | 76.000 | 76.000 | 4.000 | 4.000 | 54.000 | 18639.000 |
| 75% | 19890512.000 | 0.000 | 115.000 | 115.000 | 6.000 | 6.000 | 54.000 | 31242.000 |
| max | 20161002.000 | 3.000 | 165.000 | 165.000 | 49.000 | 38.000 | 156.000 | 99027.000 |

8 rows × 83 columns

图 4.3　来自 GCP 桶的 171 000 行数据帧

整个 Notebook 可以在 GitHub 中找到（https://github.com/noahgift/pragmaticai-gcp/ blob/master/notebooks/pragai-big-instance.ipynb），命令序列如下。首先是导入一些库。

```
Import pandas as pd
pd.set_option('display.float_format', lambda x: '%.3f' % x)
import seaborn as sns
from io import BytesIO
```

接下来，使用专用 Datalab 命令将输出赋值给名为 game_logs 的变量。

```
%gcs read --object gs://pragai-datalab-test/game_logs.csv\
          --variable game_logs
```

现创建一个新的数据帧。

```
df = pd.read_csv(BytesIO(game_logs))
```

最后，绘制出数据帧，如图 4.4 所示。

```
%timeit
ax = sns.regplot(x="v_score", y="h_score", data=df)
```

本应用的技术要点是使用 Datalab 能加速强大计算机进行探索性数据分析（EDA）的能力，按秒计时收费功能节约大量计算和 EDA 时间。另一个要点是 GCP 在云服务领域领先于 AWS，因为在将大数据集转移到 Notebook 并在使用常见的小型数据工具 ( 如 Seaborn 和 Pandas) 方面，GCP 开发体验表现十分突出。

还有一点就是 Datalab 也是构建生产机器学习管道的良好基础，它能用于探索 GCP 存储桶、对 BigQuery 直接进行集成，而且还可以集成 GCP 生态系统的其他部分，如机器学习引擎、TPU 和容器注册表。

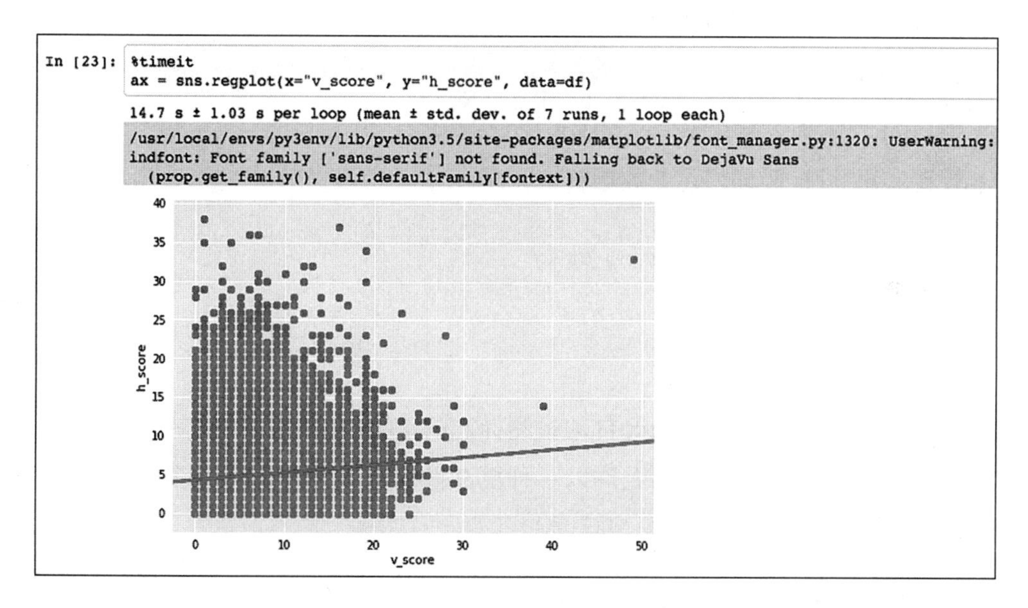


图 4.4　在 32 核 100GB 内存的计算机上绘制 171 000 行数据，Seaborn 绘图需 17s

## 4.4　BigQuery 云数据仓库

BigQuery 云数据仓库是 GCP 生态系统的核心成员，也是一种构建实用生产环境机器学习和 AI 管道的优质服务。BigQuery 比 AWS 在某些开发者易用性方面更具有优势。虽然 AWS 在完整的端到端解决方案方面更为强大，但 GCP 似乎迎合了开发者已经使用习惯的工具和范例，从本地机器的命令行到 GCP 存储桶再到 API 调用，以多种不同方式将数据迁入和迁出是轻而易举的事情。

### 将数据从命令行迁移到 BigQuery

将数据迁移到 BigQuery 的一种简单方法是使用 bq 命令行工具，下面是推荐的方法。

首先，检查默认项目是否存在现有数据集。

```
➜  pragmaticai-gcp git:(master) bq ls
```

这里，默认项目中没有现有数据集，因此创建一个新数据集。

```
➜  pragmaticai-gcp git:(master) bq mk gamelogs
Dataset 'cloudai:gamelogs' successfully created.
```

接着使用 bq ls 验证创建的数据集。

```
➜  pragmaticai-gcp git:(master) bq ls
  datasetId
 -----------
  gamelogs
```

接下来，上传带 --autodetect 自动检测标志的 134MB 本地 CSV 文件（文件包含 171 000 条记录）。该自动检测允许以一种更懒散的方式上传包含许多列的数据集，因为你不必预先定义纲要架构。

```
➜  pragmaticai-gcp git:(master) ✗ bq load\
 --autodetect gamelogs.records game_logs.csv
Upload complete.
Waiting on bqjob_r3f28bca3b4c7599e_00000161daddc035_1
        ... (86s) Current status: DONE
➜  pragmaticai-gcp git:(master) ✗ du -sh game_logs.csv
134M    game_logs.csv
```

由于数据已加载，可以从 Datalab 轻松查询数据，如图 4.5 所示。

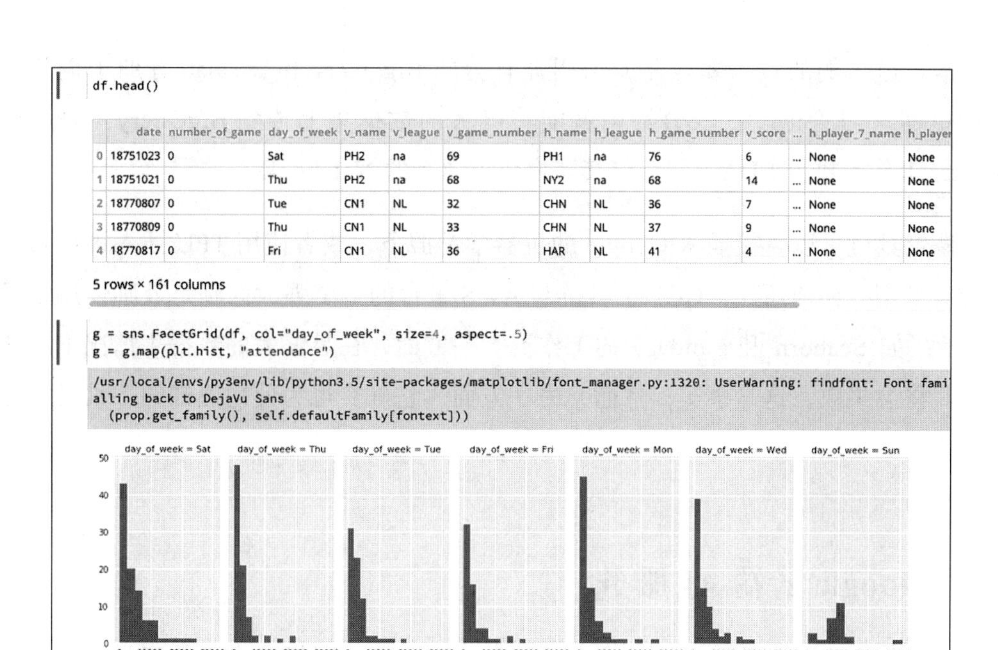


| | date | number_of_game | day_of_week | v_name | v_league | v_game_number | h_name | h_league | h_game_number | v_score | ... | h_player_7_name | h_playe |
|---|---|---|---|---|---|---|---|---|---|---|---|---|---|
| 0 | 18751023 | 0 | Sat | PH2 | na | 69 | PH1 | na | 76 | 6 | ... | None | None |
| 1 | 18751021 | 0 | Thu | PH2 | na | 68 | NY2 | na | 68 | 14 | ... | None | None |
| 2 | 18770807 | 0 | Tue | CN1 | NL | 32 | CHN | NL | 36 | 7 | ... | None | None |
| 3 | 18770809 | 0 | Thu | CN1 | NL | 33 | CHN | NL | 37 | 9 | ... | None | None |
| 4 | 18770817 | 0 | Fri | CN1 | NL | 36 | HAR | NL | 41 | 4 | ... | None | None |

图 4.5　从 BigQuery 到 Pandas 到 Seaborn 管道

首先，创建导入。注意，google.datalab.bigquery 导入允许轻松访问 BigQuery。

```
import pandas as pd
import google.datalab.bigquery as bq
pd.set_option('display.float_format', lambda x: '%.3f' % x)
import seaborn as sns
from io import BytesIO
```

接下来，将查询转换为数据帧，共有 171 000 行，但是对于查询，它被限制为 10 行。

```
some_games = bq.Query('SELECT * FROM `gamelogs.records` LIMIT 10000')
df = some_games.execute(output_options=\
        bq.QueryOutput.dataframe()).result()
```

最后，将数据帧转换为 Seaborn 可视化，可视化按一周中的不同日期进行分面绘制。

```
g = sns.FacetGrid(df, col="day_of_week", size=4, aspect=.5)
g = g.map(plt.hist, "attendance")
```

本管道示例的技术要点是，采用强有力的 BigQuery 和 Datalab 有助于创建简洁的机器学习管道。它数分钟内就能将庞大的数据集上传到 BigQuery，并启动 Jupyter 工作站执行 EDA，然后将其转换成可执行的 Notebook。

该工具链可以直接插入 Google 的机器学习服务，或者使用 TPU 插入训练自定义分类模型。如前所述，GCP 工具链与 AWS 平台的一个强大区别是鼓励使用常见开源库（如 Seaborn 和 Pandas）的工作流。一方面，在足够大的数据集情况下，这些工具将会失效，这是事实；然而，另一方面，它确实也为使用熟知的工具增加了一丝便利。

## 4.5 Google 云端 AI 服务

正如本书标题所提，要大力鼓励 AI 中的实用性。当拥有有效的工具时，就要善于使用这些现成的工具。幸好 GCP 涵盖相当多的服务，包括从野外实验到围绕这些服务合法建立公司。下面是一些亮点服务的简短列表。

- 云 AutoML（https://cloud.google.com/automl/）
- 云 TPU（https://cloud.google.com/tpu/）
- 云机器学习引擎（https://cloud.google.com/ml-engine/）
- 云作业发现（https://cloud.google.com/job-discovery/）
- 云 Dialogflow 企业版（https://cloud.google.com/dialogflow-enterprise/）
- 云自然语言（https://cloud.google.com/natural-language/）
- 云语音 API（https://cloud.google.com/speech/）
- 云翻译 API（https://cloud.google.com/translate/）
- 云视觉 API（https://cloud.google.com/vision/）
- 云视频智能（https://cloud.google.com/video-intelligence/）

AI 服务的另一个用例是增补现有的数据中心或云。为什么不在你自己的 AWS 数据集上尝试使用 GCP 云自然语言服务，并比较 GCP 和 AWS 两者的工作方式，而不是训练自己的自然语言模型？务实的 AI 团队明智地选择这些现成的解决方案，将其投入生产，并专注于给真正重要的不同领域提供定制的 ML 训练。

要使用这些服务，推荐的工作流与本章中的其他示例十分相似：启动 Datalab 实例、上传一些数据以及体验 API。不过，探索 API 的另一种方式是在 API explorer 中为各服务上传数据。这是许多情况下最好的开始方式。

### 使用 GoogleVisionAPI 对我的杂交犬进行分类

要通过 API explorer 使用计算机视觉 API，网站 https://cloud.google.com/vision/docs/ quickstart 有一个快速入门示例。为了对它进行测试，我上传了一张我的杂交犬 Titan 的照片到 pragai-cloud-vision 的一个存储桶中，并将 Titan 命名为 titan_small.jpg。

接着在图 4.6 中，建立对该存储桶 / 文件的 API 调用。图 4.7 所示就是 Titan。

**Request body**

```
{
  "requests": [
    {
      "features": [
        {
          "type": "LABEL_DETECTION"
        }
      ],
      "image": {
        "source": {
          "imageUri": "gs://pragai-cloud-vision/titan_small.jpg"
        }
      }
    }
  ]
}
```

Press ctrl+space or click one of the hint bubbles for suggestions.

图 4.6 浏览器中的 Google 视觉 API 请求

那么，家犬图像分类系统发现了什么呢？结果是家犬有超过 50% 的概率成为斑点狗。看来我的犬是杂交品种。

图 4.7 Titan 犬可爱的眼神没有骗过 Google 的 AI


```
{
  "responses": [
    {
      "labelAnnotations": [
        {
          "mid": "/m/0bt9lr",
          "description": "dog",
          "score": 0.94724846,
          "topicality": 0.94724846
        },
        {
          "mid": "/m/0kpmf",
          "description": "dog breed",
          "score": 0.91325045,
          "topicality": 0.91325045
        },
```

```
        {
          "mid": "/m/05mqq3",
          "description": "snout",
          "score": 0.75345945,
          "topicality": 0.75345945
        },
        {
          "mid": "/m/01z5f",
          "description": "dog like mammal",
          "score": 0.7018985,
          "topicality": 0.7018985
        },
        {
          "mid": "/m/02rjc05",
          "description": "dalmatian",
          "score": 0.6340561,
          "topicality": 0.6340561
        },
        {
          "mid": "/m/02x147d",
          "description": "dog breed group",
          "score": 0.6023531,
          "topicality": 0.6023531
        },
        {
          "mid": "/m/03f5jh",
          "description": "dog crossbreeds",
          "score": 0.51500386,
          "topicality": 0.51500386
        }
      ]
    }
  ]
}
```


## 4.6　云端 TPU 和 TensorFlow

2018 年的一个新趋势是定制机器学习加速器的出现。2018 年 2 月，Google 推出 TPU 测试版，TPU 已在 Google 内部用于 Google 图像搜索、Google 照片和 Google 云视觉 API 等产品中。通过阅读 TPU（https://drive.google.com/file/d/0Bx4hafXDDq2EMzRNcy1v SUxtcEk/view）的数据中心功能，可找到对 TPU 技术的更进一步解读。这里提到了阿姆达尔定律的“聚宝盆推论”：大量廉价资源的低效利用仍然可以提供性价比颇好的高性能。

与 Google 推出的其他一些 AI 服务一样，TPU 也可能成为改变游戏规则的技术奇迹，对于 TPU 特别值得赌上一把。如果 Google 能够轻松地使用 TensorFlow SDK 训练深度学习模型并利用专用硬件 AI 加速器实现显著功效的话，那么与其他云相比，它可能具有巨大的优势。

然而具有讽刺意味的是，尽管 Google 云生态系统的某些部分在对开发人员非常友好方面取得了极大进展，TensorFlow SDK 却仍然存在问题。它具有低层次、复杂性，似乎是为喜欢汇编语言和 C++ 编程的数学博士而设计的。不过，有一些解决方案（比如 PyTorch）可以帮助缓解这种情况。虽然我个人对 TPU 很感兴趣，但我却认为在 TensorFlow 复杂性方面需要有一个“发现上帝”的瞬间。这件事可能会发生，但值得注意的是，也可能“这里是危险地带”。

### 在云端 TPU 上运行 MNIST

本指南将借鉴本书英文版出版时的 TPU 测试版指南。本指南可在网站 https://cloud.google.com/tpu/docs/ tutorials/mnist 中找到。首先，不仅需要安装 gcloud SDK，还需要 TPU 测试版组件。

```
gcloud components install beta
```

然后，需要一个虚拟机（VM）作为作业控制器。gcloud cli 用于在中心区域创建一个 4 核 VM。

```
(.tpu) ➜  google-cloud-sdk/bin/gcloud compute instances\
    create tpu-demo-vm \
  --machine-type=n1-standard-4 \
  --image-project=ml-images \
  --image-family=tf-1-6 \
  --scopes=cloud-platform
Created [https://www.googleapis.com/compute/v1/\
        projects/cloudai-194723/zones/us-central1-f/\
        instances/tpu-demo-vm].
NAME         ZONE           MACHINE_TYPE
STATUS
tpu-demo-vm  us-central1-f  n1-standard-4  _
RUNNING
```

创建好 VM 后，需要准备一个 TPU 实例。

```
google-cloud-sdk/bin/gcloud beta compute tpus create demo-tpu \
  --range=10.240.1.0/29 --version=1.6
Waiting for [projects/cloudai-194723/locations/us-central1-f/\
operations/operation-1518469664565-5650a44f569ac-9495efa7-903
9887d] to finish...done.
Created [demo-tpu].

google-cloud-sdk/bin/gcloud compute ssh tpu-demo-vm -- -L \
        6006:localhost:6006
```

接下来，下载项目的一些数据，然后上传到云存储中。注意，我的存储桶命名为 tpu-research，但是你的桶将有所不同。

```
python /usr/share/tensorflow/tensorflow/examples/how_tos/\
        reading_data/convert_to_records.py --directory=./data
gunzip ./data/*.gz
export GCS_BUCKET=gs://tpu-research
gsutil cp -r ./data ${STORAGE_BUCKET}
```

最后，TPU_NAME 变量需要匹配前面创建好的 TPU 实例名称。

```
export TPU_NAME='demo-tpu'
```

最后一步是训练模型。在本示例中，迭代时长相当低，而且 TPU 很强大，因此尝试在迭代中增加几个零也许有意义。

```
python /usr/share/models/official/mnist/mnist_tpu.py \
  --tpu_name=$TPU_NAME \
  --data_dir=${STORAGE_BUCKET}/data \
  --model_dir=${STORAGE_BUCKET}/output \
  --use_tpu=True \
  --iterations=500 \
  --train_steps=1000
```

模型将打印出损失值，还可查看 tensorboard 可视化工具，它具有许多有趣的图形特性。另外，还需对 TPU 做必要的清理以避免进一步产生费用，相关代码如下。

```
noahgift@tpu-demo-vm:~$ gcloud beta compute tpus delete demo-tpu
Your TPU [demo-tpu] will be deleted.
Do you want to continue (Y/n)?  y
Waiting for [projects/cloudai-194723/locations/us-central1-f/\
```

```
operations/operation-1519805921265-566416410875e-018b840b
-1fd71d53] to finish...done.
Deleted [demo-tpu].
```

## 4.7 小结

GCP是构建实用人工智能解决方案的有力竞争者。相对于AWS，GCP有一些优势和独特的服务，这些优势及服务主要是围绕对开发体验和现成的高级AI服务方面的高度关注。

建议好奇的AI实践者的下一步行动是浏览一些AI API，并了解如何将它们连接在一起以创建能正常工作的解决方案。Google带来的机遇和挑战之一是TPU和TensorFlow生态系统。一方面，它们是非常复杂的开始；另一方面，这种力量也十分诱人。对于至少想做AI领域领导者的任何一家公司而言，成为一名TPU专家似乎是明智的。

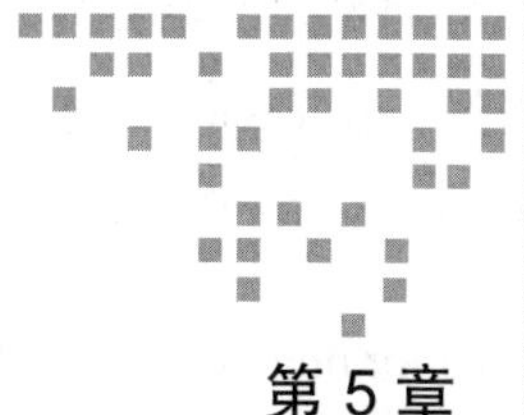

第5章 Chapter 5

# 使用 Amazon Web 服务开发云端 AI

爱让人强壮有力，恨让人势不可挡。

——罗纳尔多

FANG 股票 ( 即 Facebook、Amazon、Netflix 和 Google) 在过去几年中一直以惊人的速度增长。从 2015 年 3 月到 2018 年 3 月的三年中，仅 Amazon 就增长了 300%。Netflix 也在 Amazon Web 服务（AWS）上运行其业务。从职业发展的角度看，AWS 云计算有很大发展势头和资金。理解该平台及其提供的功能对于许多 AI 未来数年的成功应用至关重要。

资本的巨大转变所带来的好处是，云不仅在这里停留，而且正在改变软件开发的基本模式。特别是，AWS 在无服务器技术方面赌了一把。这组技术的核心是 Lambda 技术，它允许在较大的生态系统中作为事件去执行多种语言（Go、Python、Java、C# 及 Node）中的函数。可以这么认为，云本身就是一种新的操作系统。

由于 Python 语言的特性，它在可伸缩性方面有一些严格的限制。尽管在全局解释器锁（GIL）和 Python 性能都不重要方面存在着激烈、错误甚至几乎令人信服的争论，但它们却在现实应用中大规模地使用。历史上，Python 易于使用但性能方面却饱受指责。特别是，与其他语言（如 Java）相比，GIL 有效地阻碍了大规模的高效并行化。当然，在 Linux 目标主机上有一些变通办法，但这常常会浪费大量的工程时间，如在 Python 中重写 Erlang 并发语言会很糟糕，或者导致内核空闲。

对于 AWS Lambda 而言，因为操作系统就是 AWS 本身，前面的这种缺点已无关紧要。云开发者可以使用 SNS、SQS、Lambda 和其他构建块技术，而不是使用线程或进程来并行化代码。然后，使用一些原语来取代线程、进程和其他传统操作系统范例。在 Linux 上扩展传统 Python 存在问题的进一步证明将围绕假定的高扩展性 Python 项目的深入研究。

如果深入挖掘，你会发现实际上正在做的繁重劳动就像 RabbitMQ 或 Celery（Erlang 编写）或 Nginx（高度优化的 C 编写）的工作。但是，在对 Erlang 过度兴奋之余（我曾经营一家广泛使用 Erlang 的公司），几乎雇用不到一个使用 Erlang 编程的人。Go 语言确实能解决一些同样的规模性问题，实际上可雇用 Go 语言开发人员。也许两全其美的最好方式是将并发性放到云操作系统的后院，让它们来进行处理。这样，一旦昂贵的 Go 语言或 Erlang 语言开发者退出时，也不会毁掉整个公司。

幸运的是，有了无服务器技术，Python 在 Linux 操作系统上的弱点突然变得无关紧要了。这方面的一个很好实例来自我在 Loggly 大数据公司的工作经历。那时，我们尝试用 Python 编写一个高性能的异步 Python 日志收集系统，它每秒收到 6000 到 8000 个请求，在一个核上运行该系统令人印象深刻。但问题是，其他的核处于空闲状态，而将异步 Python 收集器扩展到多核的解决方案在工程投资回报率方面根本没有价值。然而，由于 AWS 平台具有可伸缩性，通过 AWS 创建无服务器组件并用 Python 编写整个系统却是一个好主意。

对于这些新的云操作系统需要考虑的不止一点。许多技术（如 Web 框架）都是建立在几十年前抽象基础之上的抽象。关系数据库发明于 20 世纪 70 年代，它是一项可靠的技术。但是在 21 世纪初，Web 框架开发人员采用了这项技术（该技术在 PC 和数据中心时代发展演化），并利用对象关系映射器和代码生成器在其上建立了一系列 Web 框架。从设计角度看，构建 Web 应用程序是对传统思想过程的投资。

它们绝对能解决问题且很强大，但这是未来吗？（尤其是在大型 AI 项目背景下）我会说不。

无服务器技术是一种完全不同的思维方式，这里，数据库可自我扩展，模式可以灵活且高效地管理。它不是运行像 Apache 或 Nginx 这样的 Web 前端（这些前端代理到代码），而是有一些无状态的应用服务器，这些服务器只在响应事件时运行。

复杂性并非免费。随着机器学习和 AI 应用程序复杂性的增加，必须提供某些新东西，而降低应用程序复杂性的一种方法是无须维护服务器。这可能也意味着对传统 Web 框架执行 rm -rf 命令。不过，这不会很快发生，因此本章将介绍传统的 Web 应用程序 Flask，但其中也包含云操作系统。其他章节将介绍一些纯无服务器架构的示例，特别是使用 AWS Chalice 的示例。

## 5.1　在 AWS 上构建增强现实和虚拟现实解决方案

在电影行业和加州理工学院工作期间，让我对安装在公司所有工作站上的高性能 Linux 文件服务器十分钦佩。它非常强大，可以让数千台机器和成千上万的用户都使用一个中央挂载点来配置操作系统、分发数据和共享磁盘 I/O。

一个鲜为人知的事实是，许多电影公司多年来都跻身于超级计算机 500 强之列，并且已经持续了多年时间。这是因为渲染场（指向高性能集中式文件服务器）使用了大量计算和磁盘 I/O 资源。早在 2009 年，当我在新西兰的 Weta 数码公司从事《阿凡达》的相关工作时，就用 40 000 个带 104TB 内存的处理器制作电影。这些处理器每天要处理多达 140 万个渲染任务，因此许多电影资深人士对当前的 Spark 和 Hadoop 工作量（与电影的工作量相比）感觉非常轻松。

把这个故事说出来的重点并不是要说新人赶紧放弃吧！对于刚接触大数据的新人而言，集中式文件服务器是大规模计算的一大亮点。但是，从历史角度来看，这些“法拉利”文件服务器需要一群专业“技师”来维持运行。在云时代，突然间你只需点击鼠标就可以获得一个基于“法拉利”的文件服务器。

### 5.1.1 计算机视觉：带有 EFS 和 Flask 的 AR/VR 管道

AWS 有一种服务弹性文件系统（EFS），它就是一个点击式“法拉利”文件服务器。我过去在 AWS 上使用它为基于虚拟现实（VR）的计算机视觉管道创建集中式文件服务器。资源、代码和生成的工件都存储在 EFS 中。图 5.1 展示了使用 EFS 时 AWS 上 VR 管道的概况，摄像机工作站可能包含 48 个、72 个或多个摄像机，这些摄像机都生成大型帧，这些帧随后被收集到 VR 场景拼接算法中。

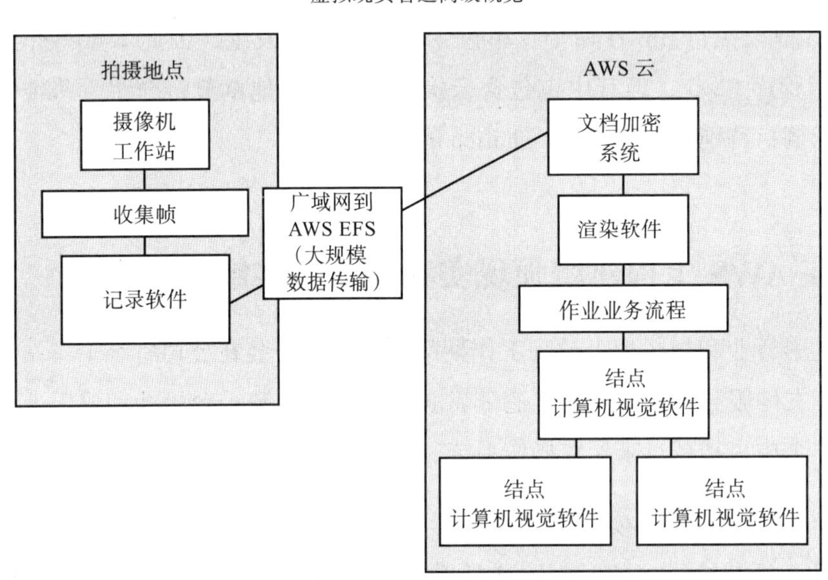


图 5.1 带 EFS 的 AWS VR 管道

EFS 的一个微妙但强大之处也使 Python 应用程序的部署变得非常简单，即它能为每个环境（例如 DEV、STAGE 和 PRODUCTION）创建 EFS 挂载点。此时，部署是代码的远程同步备份，期间，根据分支从生成服务器到 EFS 装载点可在亚秒级下完成；假设 DEV EFS 挂载点是主分支，而 STAGE EFS 挂载点是分段分支等，那么，Flask 将始终在磁盘上拥有最新版本的代码，完成部署就成了一个简单问题。图 5.2 展示了无服务器和 Flask 的示例。

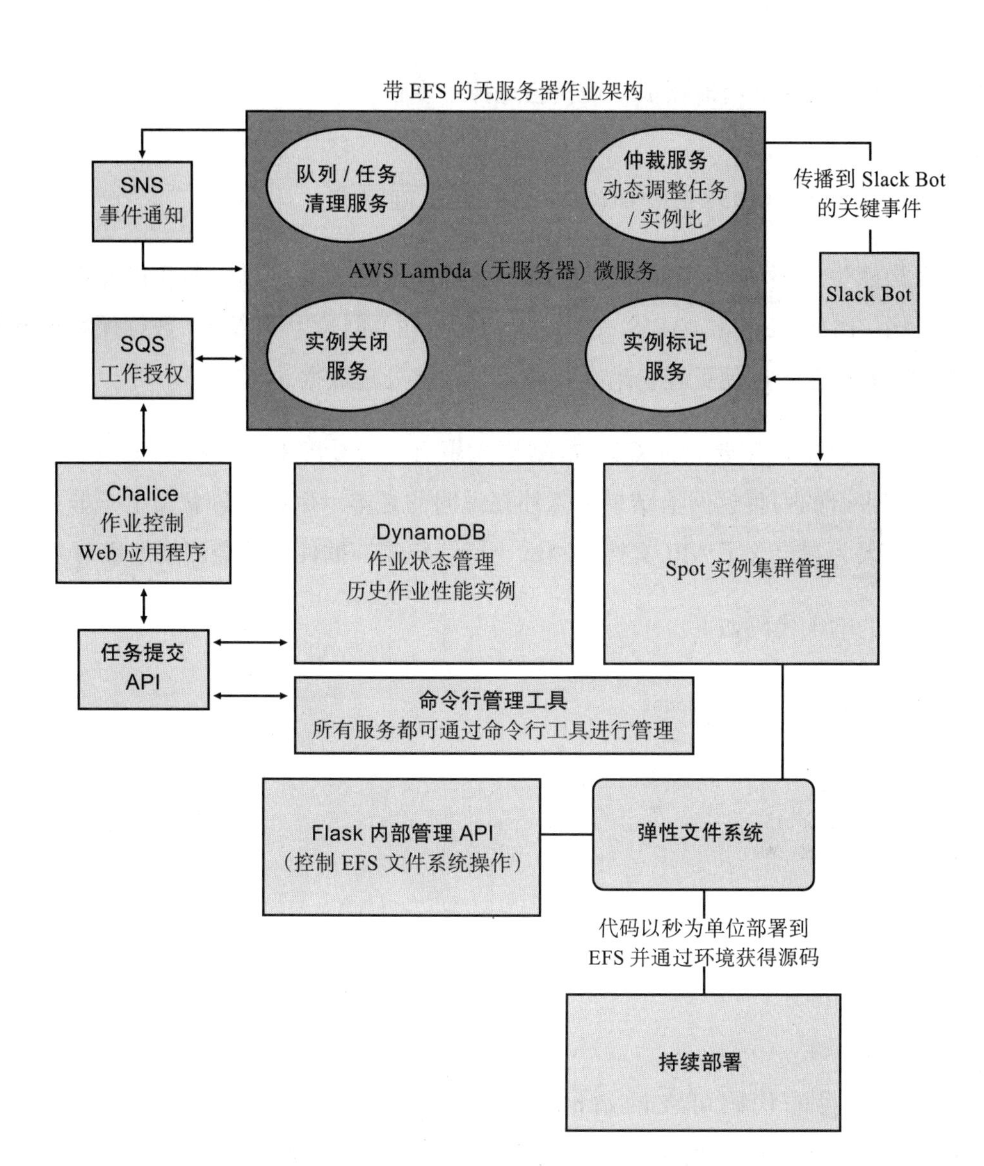


图 5.2　无服务器和 Flask 的详细架构

使用无服务器技术可让工作变得更加容易，它再加上 EFS 和 Flask，就是构建各种 AI 产品的强大工具。尽管这里所举示例是针对计算机视觉 /VR/AR 管道的，但是 EFS 也适用于传统的机器学习数据工程。

还有，我知道这种架构有效的原因是，我曾为一家 VR/AR 公司从零编写代码，当时利用它在 AWS 中花费 10 万美元信用贷款便可在短短几个月内就完成数百个节点的巨大作业任务。有时候成功确实会烧掉很多钱。

### 5.1.2 带EFS、Flask和Pandas的数据工程管道

在构建生产环境AI管道时，数据工程常常是最大的挑战。下面将详细介绍如何在公司（比如Netflix、AWS或独角兽初创公司）创建生产API。数据团队通常需要构建库和服务，以便更轻松地在其公司平台上处理数据。

在本示例中，需要验证CSV数据概念聚合。接受CSV文件的REST API、分组的列和聚合的列将返回给结果。需补充说明的是本示例在某种意义上是非常现实的应用，因为它包含了API文档、测试、持续集成、插件和基准测试等细节。

问题的输入代码如下。

```
first_name,last_name,count
chuck,norris,10
kristen,norris,17
john,lee,3
sam,mcgregor,15
john,mcgregor,19
```

当API运行时，有

```
norris,27
lee,3
mcgregor,34
```

整个项目的代码可在网站https://github.com/noahgift/pai-aws上找到。由于Makefile和virtualenv的使用已在其他章节中广泛介绍，本章将直接进入编码环节。本项目包含五个主要部分：Flask应用程序、库nlib、Notebook、测试和命令行工具。

#### Flask应用程序

Flask应用程序由三个组件组成：静态目录，其中包含favicon.ico；一个模板目录，其中包含index.html；核心Web应用程序，约有150行代码。这里介绍核心Flask应用程序。

初始化部分包括导入 Flask 和 flasgger（swagger API 文档生成器：https://github.com/ rochacbruno/flasgger），并定义日志和 Flask 应用程序。

```
import os
import base64
import sys
from io import BytesIO
from flask import Flask
from flask import send_from_directory
from flask import request
from flask_api import status
from flasgger import Swagger
from flask import redirect
from flask import jsonify

from sensible.loginit import logger
from nlib import csvops
from nlib import utils

log = logger(__name__)

app = Flask(__name__)
Swagger(app)
```

创建一个 helper 函数对有效负载执行 Base64 解码。

```
def _b64decode_helper(request_object):
    """Returns base64 decoded data and size of encoded data"""

    size=sys.getsizeof(request_object.data)
    decode_msg = "Decoding data of size: {size}".format(size=size)
    log.info(decode_msg)
    decoded_data = BytesIO(base64.b64decode(request.data))
    return decoded_data, size
```

接下来，创建一些路由，这些路由实际上就是样板文件，它们服务于 favicon 并重定向到主文档。

```
@app.route("/")
def home():
    """/ Route will redirect to API Docs: /apidocs"""

    return redirect("/apidocs")
```

```
@app.route("/favicon.ico")
def favicon():
    """The Favicon"""

    return send_from_directory(os.path.join(app.root_path, 'static'),
                    'favicon.ico',
                    mimetype='image/vnd.microsoft.icon')
```

伴随 /api/funcs 路由，问题变得更为有趣。这里列出可动态安装的插件，它们可能是自定义算法。详细情况将在库的部分介绍。

```
@app.route('/api/funcs', methods = ['GET'])
def list_apply_funcs():
    """Return a list of appliable functions


        GET /api/funcs
        ---
        responses:
            200:
                description: Returns list of appliable functions.


    """

    appliable_list = utils.appliable_functions()
    return jsonify({"funcs":appliable_list})
```

本节创建一个 groupby 路由，它包含详细的文档字符串文件，以便动态创建 swagger API 文档。

```
@app.route('/api/<groupbyop>', methods = ['PUT'])
def csv_aggregate_columns(groupbyop):
    """Aggregate column in an uploaded csv

    ---
        consumes:  application/json
        parameters:
            -   in: path
                name:  Appliable Function (i.e.  npsum, npmedian)
                type:  string
                required: true
                description:  appliable function,
                 which must be registered (check /api/funcs)
            -   in: query
                name: column
```

```
                    type: string
                    description:  The column to process in an aggregation
                    required:  True
                -   in: query
                    name: group_by
                    type: string
                    description:\
                       The column to group_by in an aggregation
                    required:  True
                -   in: header
                    name:  Content-Type
                    type:  string
                    description: \
                       Requires "Content-Type:application/json" to be set
                    required:  True
                -   in: body
                    name: payload
                    type:  string
                    description:  base64 encoded csv file
                    required: True

        responses:
            200:
                description: Returns an aggregated CSV.

    """
```

最后，创建API调用的主体。注意，这里解决了很多复杂的实际问题，比如确保正确的内容类型、查找特定的HTTP方法、记录动态加载插件、返回正确的JSON响应（若正确，则返回200个状态码）、返回其他HTTP状态码（若不正确）。

```
    content_type = request.headers.get('Content-Type')
    content_type_log_msg =\
         "Content-Type is set to:  {content_type}".\
        format(content_type=content_type)
    log.info(content_type_log_msg)
    if not content_type == "application/json":
        wrong_method_log_msg =\
             "Wrong Content-Type in request:\
          {content_type} sent, but requires application/json".\
            format(content_type=content_type)
        log.info(wrong_method_log_msg)
        return jsonify({"content_type": content_type,
                "error_msg": wrong_method_log_msg}),
status.HTTP_415_UNSUPPORTED_MEDIA_TYPE

    #Parse Query Parameters and Retrieve Values
```

```
    query_string = request.query_string
    query_string_msg = "Request Query String:
{query_string}".format(query_string=query_string)
    log.info(query_string_msg)
    column = request.args.get("column")
    group_by = request.args.get("group_by")

    #Query Parameter logging and handling
    query_parameters_log_msg =\
        "column: [{column}] and group_by:\
        [{group_by}] Query Parameter values".\
        format(column=column, group_by=group_by)
    log.info(query_parameters_log_msg)
    if not column or not group_by:
        error_msg = "Query Parameter column or group_by not set"
        log.info(error_msg)
        return jsonify({"column": column, "group_by": group_by,
                "error_msg": error_msg}), status.HTTP_400_BAD_REQUEST

    #Load Plugins and grab correct one
    plugins = utils.plugins_map()
    appliable_func = plugins[groupbyop]

    #Unpack data and operate on it
    data,_ = _b64decode_helper(request)
    #Returns Pandas Series
    res = csvops.group_by_operations(data,
        groupby_column_name=group_by, \
        apply_column_name=column, func=appliable_func)
    log.info(res)
    return res.to_json(), status.HTTP_200_OK
```

该代码块设置调试类标志并包含样板代码以运行作为脚本的 Flask 应用程序。

```
if __name__ == "__main__": # pragma: no cover
    log.info("START Flask")
    app.debug = True
    app.run(host='0.0.0.0', port=5001)
    log.info("SHUTDOWN Flask")
```

接下来执行应用程序，创建 Makefile 的命令如下。

```
(.pia-aws) ➜  pai-aws git:(master) make start-api
#sets PYTHONPATH to directory above,
#would do differently in production
cd flask_app && PYTHONPATH=".." python web.py
2018-03-17 19:14:59,807 - __main__ - INFO - START Flask
 * Running on http://0.0.0.0:5001/ (Press CTRL+C to quit)
 * Restarting with stat
```

```
2018-03-17 19:15:00,475 - __main__ - INFO - START Flask
 * Debugger is active!
 * Debugger PIN: 171-594-84
```

在图 5.3 中，swagger 文档方便用户列出可用的函数，即来自 nlib 的插件。输出显示了加载 npmedian、npmid、npsum、numpy 和 tanimoto 函数。在图 5.4 中，有用的 Web 表单允许开发者在不使用 curl 或编程语言的情况下全面完成 API 调用。该系统真正强大之处在于尽管其核心 Web 应用程序代码仅有 150 行，但它却是现实应用并且已经准备投入生产！

## 库和插件

nlib 目录中有四个文件：__init__.py、applicable.py、csvops.py、utils.py。下面是每个文件的详细介绍。

__init__.py 非常简单，它包含一个版本变量。

```
__version__ = 0.1
```

default　Show/Hide　List Operations　Expand Operations
GET /api/funcs　Return a list of appliable functions
Implementation Notes
GET /api/funcs
Response Messages
HTTP Status Code　Reason　Response Model　Headers
200　Returns list of appliable functions.
Try it out!　Hide Response
Curl
curl -X GET --header 'Accept: application/json' 'http://0.0.0.0:5001/api/funcs'
Request URL
http://0.0.0.0:5001/api/funcs
Response Body
{
  "funcs": [
    "npmedian",
    "npsum",
    "numpy",
    "tanimoto"
  ]
}
Response Code
200
Response Headers
{
 "date": "Sun, 18 Mar 2018 02:23:17 GMT",
 "server": "Werkzeug/0.14.1 Python/3.6.4",
 "content-length": "81",
 "content-type": "application/json"
}

图 5.3　可用插件列表

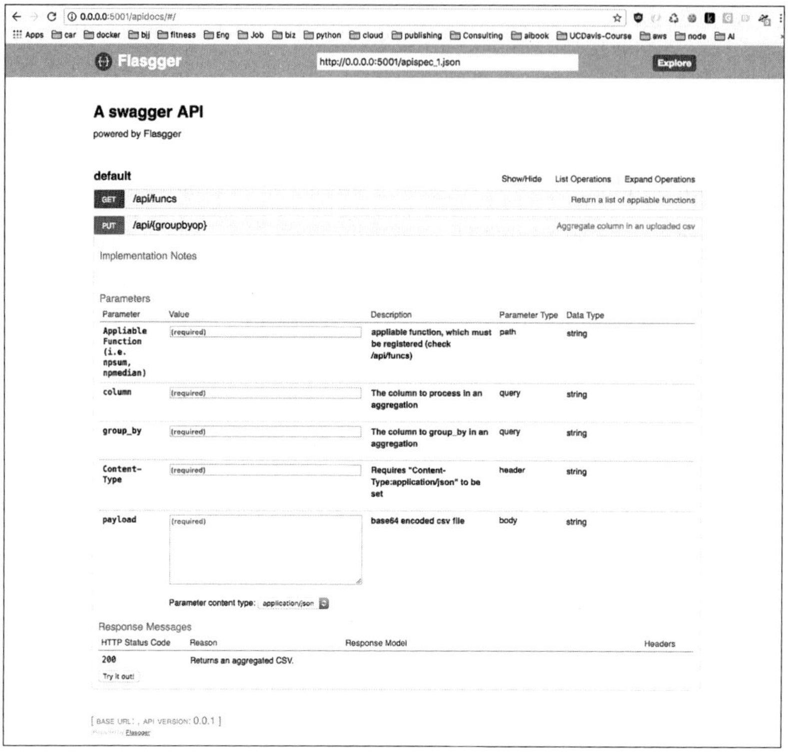

图 5.4 使用 API

接下来是 utils.py 文件，这是一个插件加载器，它从 application .py 文件中查找可应用函数。

```
"""Utilities
Main use it to serve as a 'plugins' utility so that functions can be:
    * registered
    * discovered
    * documented

"""

import importlib

from sensible.loginit import logger

log = logger(__name__)
```

```
def appliable_functions():
    """Returns a list of appliable functions
        to be used in GroupBy Operations"""

    from . import appliable
    module_items = dir(appliable)
    #Filter out special items __
    func_list = list(
         filter(lambda x: not x.startswith("__"),
         module_items))
    return func_list


def plugins_map():
    """Create a dictionary of callable functions

    In [2]: plugins = utils.plugins_map()
Loading appliable functions/plugins: npmedian
Loading appliable functions/plugins: npsum
Loading appliable functions/plugins: numpy
Loading appliable functions/plugins: tanimoto

    In [3]: plugins
    Out[3]:
    {'npmedian': <function nlib.appliable.npmedian>,
    'npsum': <function nlib.appliable.npsum>,
    'numpy': <module 'numpy' from site-packages...>,
    'tanimoto': <function nlib.appliable.tanimoto>}

    In [4]: plugins['npmedian']([1,3])
    Out[4]: 2.0
    """

    plugins = {}
    funcs = appliable_functions()
    for func in funcs:
        plugin_load_msg =\
          "Loading appliable functions/plugins:\
          {func}".format(func=func)
        log.info(plugin_load_msg)
        plugins[func] = getattr(
        importlib.import_module("nlib.appliable"), func
        )
    return plugins
```

appliable.py 文件中可创建自定义函数。这些函数应用于 Pandas 数据帧中的列并且可完全定制，从而完成对列进行的任何操作。

```
"""Appliable Functions to a Pandas GroupBy Operation (I.E Plugins)"""

import numpy


def tanimoto(list1, list2):
    """tanimoto coefficient

    In [2]: list2=['39229', '31995', '32015']
    In [3]: list1=['31936', '35989', '27489',
        '39229', '15468', '31993', '26478']
    In [4]: tanimoto(list1,list2)
    Out[4]: 0.1111111111111111

    Uses intersection of two sets to determine numerical score

    """

    intersection = set(list1).intersection(set(list2))
    return float(len(intersection))\
         /(len(list1) + len(list2) - len(intersection))

def npsum(x):
    """Numpy Library Sum"""

    return numpy.sum(x)

def npmedian(x):
    """Numpy Library Median"""

    return numpy.median(x)
```

最后，cvops 模块处理 csv 收集和操作，代码如下。

```
"""
CSV Operations Module:
See this for notes on I/O Performance in Pandas:
    http://pandas.pydata.org/pandas-docs/stable/io.html#io-perf
"""

from sensible.loginit import logger
import pandas as pd

log = logger(__name__)
log.debug("imported csvops module")


def ingest_csv(data):
    """Ingests a CSV using Pandas CSV I/O"""
```

```
    df = pd.read_csv(data)
    return df

def list_csv_column_names(data):
    """Returns a list of column names from csv"""

    df = ingest_csv(data)
    colnames = list(df.columns.values)
    colnames_msg = "Column Names: {colnames}".\
        format(colnames=colnames)
    log.info(colnames_msg)
    return colnames

def aggregate_column_name(data,
         groupby_column_name, apply_column_name):
    """Returns aggregated results of csv by column name as json"""


    df = ingest_csv(data)
    res = df.groupby(groupby_column_name)[apply_column_name].sum()
    return res

def group_by_operations(data,
        groupby_column_name, apply_column_name, func):
    """

    Allows a groupby operation to take arbitrary functions

    In [14]: res_sum = group_by_operations(data=data,
        groupby_column_name="last_name", columns="count",
        func=npsum)
    In [15]: res_sum
    Out[15]:
last_name
eagle    34
lee       3
smith    27
Name: count, dtype: int64
"""

df = ingest_csv(data)
grouped = df.groupby(groupby_column_name)[apply_column_name]
#GroupBy with filter to specific column(s)
applied_data = grouped.apply(func)
return applied_data
```

### 命令行工具

在某些 Jupyter Notebook 使用出现问题难以运行的时刻，我将创建一个命令行工具，因为我相信它在任何项目中都很有用。尽管 Jupyter Notebook 非常强大，但是命令行工具在某些方面做得更好。

下面是 cvscli.py 的示例。首先，创建样板文档和导入。

```
#!/usr/bin/env python
"""
Commandline Tool For Doing CSV operations:

    * Aggregation
    * TBD

"""

import sys

import click
from sensible.loginit import logger

import nlib
from nlib import csvops
from nlib import utils

log = logger(__name__)
```

接下来，命令行工具主体执行与 HTTP API 相同的操作。在 ext/input.csv 中包含了文档和样本文件，它允许测试上述工具。输出包含在文档字符串中，以帮助使用该工具的用户。

```
@click.version_option(nlib.__version__)
@click.group()
def cli():
    """CSV Operations Tool

    """
@cli.command("cvsops")
@click.option('--file', help='Name of csv file')
@click.option('--groupby', help='GroupBy Column Name')
@click.option('--applyname', help='Apply Column Name')
@click.option('--func', help='Appliable Function')
def agg(file,groupby, applyname, func):
```

```
    """Operates on a groupby column in a csv file
 and applies a function

    Example Usage:
   ./csvcli.py cvsops --file ext/input.csv -groupby\
 last_name --applyname count --func npmedian
    Processing csvfile: ext/input.csv and groupby name:\
 last_name and applyname: count
    2017-06-22 14:07:52,532 - nlib.utils - INFO - \
Loading appliable functions/plugins: npmedian
    2017-06-22 14:07:52,533 - nlib.utils - INFO - \
Loading appliable functions/plugins: npsum
    2017-06-22 14:07:52,533 - nlib.utils - INFO - \
Loading appliable functions/plugins: numpy
    2017-06-22 14:07:52,533 - nlib.utils - INFO - \
Loading appliable functions/plugins: tanimoto
    last_name
    eagle    17.0
    lee       3.0
    smith    13.5
    Name: count, dtype: float64

    """
    if not file and not groupby and not applyname and not func:
        click.echo("--file and --column and -applyname\
 --func are required")
        sys.exit(1)

    click.echo("Processing csvfile: {file} and groupby name:\
 {groupby} and applyname: {applyname}".\
            format(file=file, groupby=groupby, applyname=applyname))
    #Load Plugins and grab correct one
    plugins = utils.plugins_map()
    appliable_func = plugins[func]
    res = csvops.group_by_operations(data=file,
            groupby_column_name=groupby, apply_column_name=applyname,
            func=appliable_func)
    click.echo(res)
```

最后，只有 Web API 中的命令行工具允许用户列出可用的插件。

```
@cli.command("listfuncs")
def listfuncs():
    """Lists functions that can be applied to a GroupBy Operation
    Example Usage:

    ./csvcli.py listfuncs
    Appliable Functions: ['npmedian', 'npsum', 'numpy', 'tanimoto']
    """
```

```
    funcs = utils.appliable_functions()
    click.echo("Appliable Functions: {funcs}".format(funcs=funcs))


if __name__ == "__main__":
    cli()
```

## 对 API 进行基准测试

在现实应用中创建生产 API 并将它投入生产之前，需要做一些基准测试。下面是通过 Makefile 命令实现一个基准测试。

```
➜  pai-aws git:(master) make benchmark-web-sum
#very simple benchmark of api on sum operations
ab -n 1000 -c 100 -T 'application/json' -u ext/input_base64.txt\
http://0.0.0.0:5001/api/npsum\?column=count\&group_by=last_name
This is ApacheBench, Version 2.3 <$Revision: 1757674 $>
......
Benchmarking 0.0.0.0 (be patient)
Completed 100 requests
Finished 1000 requests


Server Software:        Werkzeug/0.14.1
Server Hostname:        0.0.0.0
Server Port:            5001

Document Path:          /api/npsum?column=count&group_by=last_name
Document Length:        31 bytes

Concurrency Level:      100
Time taken for tests:   4.105 seconds
Complete requests:      1000
Failed requests:        0
Total transferred:      185000 bytes
Total body sent:        304000
HTML transferred:       31000 bytes
Requests per second:    243.60 [#/sec] (mean)
Time per request:       410.510 [ms] (mean)
```

在基准测试环境下，所完成任务的应用程序应具有合理的性能，并且它能在具有多个 Nginx 节点的弹性负载平衡器（ELB）的基础上很好地扩展。然而，应该指出的是，这只是用 Python 编写代码的强大且具有趣味性的示例，也是 C++、Java、C# 和 Go 等语言在性能方面如何影响 Python 的示例。Erlang 或 Go 应用程序执行类似的任务且每秒收到数千个请求也屡见不鲜。

不过，在基准测试环境下，开发速度和特定的数据科学用例是目前基准测试的一种合理权衡。基准测试第二个版本的思路包括将其切换到 AWS Chalice，并使用诸如 Spark 或 Redis 等来缓存请求并将结果存储在内存中。注意，默认情况下 AWS Chalice 也可以执行 API 请求缓存，因此添加几层高速缓存非常简单。

### 部署到 EFS 的思路

将生产 API 部署到生产环境中的最后一件事是让构建服务器挂载几个 EFS 挂载点：一个用于开发环境，另一个用于生产环境等。当代码被推送到分支时，构建作业将其远程同步到正确的挂载点。在代码中添加一些智能程序片段以确保它知道正确的环境位置，一种方法是采用 EFS 名称作为路由到环境的方式。下面是名为 env.py 文件的部署情况。

通过在 Linux 上破解 df 命令，代码始终可以确保它在正确的位置运行。进一步的改进可能是将 ENV 数据存储在 AWS 系统管理器参数存储中。

```
"""
Environmental Switching Code:

    Assumptions here are that EFS is essentially a key to map off of
"""

from subprocess import Popen, PIPE

ENV = {
    "local": {"file_system_id": "fs-999BOGUS",\
        "tools_path": ".."}, #used for testing
    "dev": {"file_system_id": "fs-203cc189"},
    "prod": {"file_system_id": "fs-75bc4edc"}
}

def df():
    """Gets df output"""

    p = Popen('df', stdin=PIPE, stdout=PIPE, stderr=PIPE)
    output, err = p.communicate()
    rc = p.returncode
    if rc == 0:
        return output
```

```
    return rc,err

def get_amazon_path(dfout):
    """Grab the amazon path out of a disk mount"""
    for line in dfout.split():
        if "amazonaws" in line:
            return line
    return False

def get_env_efsid(local=False):
    """Parses df to get env and efs id"""

    if local:
        return ("local", ENV["local"]["file_system_id"])
    dfout = df()
    path = get_amazon_path(dfout)
    for key, value in ENV.items():
        env = key
        efsid = value["file_system_id"]
        if path:
            if efsid in path:
                return (env, efsid)
    return False

def main():
    env, efsid = get_env_efsid()
    print "ENVIRONMENT: %s | EFS_ID: %s" % (env,efsid)

if __name__ == '__main__':
    main()%
```

## 5.2 小结

对于作为公司技术决策的基础，AWS 是一个非常合理的选择。仅从 Amazon 的市值来看，它将在相当长的一段时间内不断创新并降低成本。当你看到它使用无服务器技术所做的工作时，会感到非常兴奋。

人们很容易陷入对供应商锁定的担心，只在 DigitalOcean 公司或你的数据中心上使用 Erlang 语言也并不意味着你没有被供应商锁定，而是被锁定在小型、独特的开发团队或系统管理员中。

本章介绍了我在接受 AWS 咨询过程中用于解决问题的实际 API 以及方案。书中各章的其他思路都能与本章的思路相联系，而相互组合可以是一种生产解决方案。

第三部分 Part 3

# 创建实际 AI 应用程序

Chapter 6 第6章

# 预测社交媒体在NBA中的影响力

天赋赢得比赛，但团队合作和智慧赢得冠军。

——迈克尔·乔丹

体育对于数据科学家来说是一个吸引人的话题，因为每个数字背后都有一个故事。仅仅因为一位NBA球员得分比另一位球员多，也不一定意味着他为球队增加了更多价值。因此，最近衡量球员影响力的个人统计数据激增。ESPN（娱乐与体育节目电视网）创造了真正的加减法，FiveThirtyEight预测网提出了对NBA球员的卡梅洛预测，NBA也有球员影响力评估。社交媒体也不例外。因此，体育故事不仅仅是粉丝数多。

本章将探讨使用机器学习的数字背后的数字，然后创建API以提供机器学习模型。所有这一切都将围绕着解决真实世界中的实际问题展开。这意味着除了在纯净数据上创建模型外，还包括设置环境、部署和监视等细节信息。

## 6.1 提出问题

从社交媒体和NBA的充分准备开始，有很多有趣的问题要问。下面是一些例子。

- ❑ 个别球员的表现是否会影响球队的获胜？
- ❑ 球队的场上表现是否与社交媒体影响力相关？
- ❑ 社交媒体参与度是否与维基百科上的人气相关？
- ❑ 粉丝数或社交媒体参与度是否能更好预测球员 Twitter 上的人气？
- ❑ 薪水是否与球场表现相关？
- ❑ 获胜是否能给比赛带来更多的球迷？
- ❑ 是什么因素推动球队价值：赛场出勤还是当地房地产市场？

要获得这些问题和其他问题的答案，需要收集数据。如前所述，80/20 规律适用于此。该问题的 80% 是收集并转换数据。其他的 20% 是机器学习和数据科学相关的任务，比如寻找正确模型、执行 EDA 和特征工程。

## 收集数据

图 6.1 是要提取和转换的数据源列表。

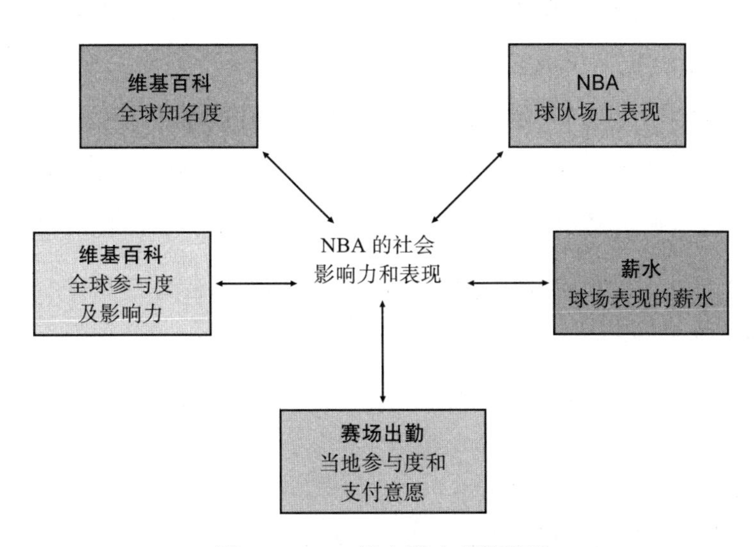


图 6.1　NBA 社交影响力数据源

收集数据表现为一个重要的软件工程问题。对此，要克服许多障碍，比如找到优质数据源，编写代码提取数据特征，遵守 API 的限制以及将数据转换成正确的形式。收集所有数据的第一步是弄清楚要收集哪个数据源以及从何处获取数据。

了解到最终目标是比较 NBA 球员的社交媒体影响力，最好的开始是收集 2016—2017 赛季 NBA 球员名单。理论上讲，这是一件容易的任务，但收集 NBA 数据却有一些陷阱。最直观的方法是访问 nba.com 官网。然而，出于某种原因，对于许多体育联盟，很难从它们的官网下载原始数据。NBA 也不例外，从官网获取数据可行但具有挑战性。

这就引出了如何收集数据的有趣问题。通常，手动收集数据很容易，即从网站下载数据并在 Excel、Jupyter Notebook 或 RStudio 中手动整理数据。对于数据科学问题，这可能是一种非常合理的方式。但是，如果收集并整理一个数据源需要几个小时，那么最好考虑编写代码解决该问题。虽然没有硬性规定，但有经验的人知道如何不受阻地在某个问题上不断地取得进展。

### 收集第一个数据源

我们将从相对容易获取数据的地方开始，而不是从棘手的数据源开始，比如 NBA 官网（它会阻止你下载它的数据）。要收集到篮球的第一个数据源，可直接从本书的 GitHub 项目（https://github.com/noahgift/pragmaticai）或从 Basketball Reference 网站（https://www.basketball-reference.com/leagues/NBA_2017_per_game.html）下载。

在现实世界中，做机器学习不仅要为纯净数据找到合适的模型，还要了解如何设置本地环境。

执行代码需如下步骤。

1）创建虚拟环境（基于 Python 3.6）。

2）安装本章要使用的软件包：Pandas、Jupyter。

3）通过 Makefile 执行。

列表 6.1 展示了一个 setup 命令，该命令为 Python 3.6 创建虚拟环境并安装列表 6.2 的 requirements.txt 文件中所罗列的包。这些可采用如下单行命令方式执行。

```
make setup && install
```

**列表 6.1　Maefile 文件内容**

```
setup:
	python3 -m venv ~/.pragai6
install:
	pip install -r requirements.txt
```

**列表 6.2　requirements.txt 文件内容**

```
pytest
nbval
ipython
requests
python-twitter
pandas
pylint
sensible
jupyter
matplotlib
seaborn
statsmodels
sklearn
wikipedia
spacy
ggplot
```

**注意**　处理 Python 虚拟环境的另一个方便技巧是在 .bashrc 或 .zshrc 文件中创建一个别名，该别名可以自动激活环境并更改到目录中。通常的做法是添加这个代码片段。

```
alias pragai6top="cd ~/src/pragai/chapter6\
&& source ~/. Pragai6 /bin/activate"
```

要处理本章的项目，需要在 shell 中键入 pragai6top，然后将 cd 放入正确的项目签出并启动虚拟环境。这就是实际使用 shell 别名的强大功能。还有一些其他的工具可以自动做到这一点，比如 pipenv，这可能也值得探索一下。

要查看数据，可以使用以下命令启动一个 Jupyter 笔记本：jupyter notebook。运行此命令将启动一个 Web 浏览器，其允许你查看现有的笔记本或创建新的笔记本。如果你已经下载了本书的 GitHub 项目的源代码，你将看到一个名为 basketball ball_reference.ipynb 的文件。

这是一个简单的、hello world 类型的笔记本，其中加载了数据。数据集加载到 Jupyter Notebook，或者到 R、RStudio 的情况，通常是对数据集进行初始验证和探索的最方便的方法。列表 6.3 还展示了除了 Jupyter 之外，还可以从常规的 IPython shell（而不是 Jupyter）中探索数据。

列表 6.3 Jupyter Notebook Basketball Reference 探索

```
import pandas as pd
nba = pd.read_csv("data/nba_2017_br.csv")
nba.describe()
```

**注意** 另一个有用的技术是使用 pytest 的 nbval 插件以确保 Jupyter Notebook 运行。可添加 Makefile 命令测试，该测试通过发布以下命令运行所有 Notebook：

```
make test
```

可在下面代码片段中查看 Makefile 的情况。

```
test:
	py.test --nbval notebooks/*.ipynb
```

如果 CSV 文件具有列名称，并且每个列的行长度相同，那么很容易将 CSV 文件加载到 Pandas 中。如果要处理准备好的数据集，那么通常（并非总是如此）数据会以适当的形式加载。在现实世界中，问题没这么简单，我们将在本章后面看到，将数据转换成正确的形式是一场战役。

图 6.2 展示了 describe 命令在 Jupyter Notebook 中的输出。Pandas 数据帧上的 describe 函数提供描述性统计信息，包括列数（本例为 27）和中位数（本例 50% 的行）。此时，最好使用所创建的 Jupyter Notebook，看看能观察到什么。然而，该统计数据集没有用单一指标来衡量进攻和防守的表现。为了获得该数据，需将本数据

集与 ESPN 和 NBA 的其他数据集结合起来。从简单地使用数据到查到数据，然后转换数据，这将显著增加项目的难度。一种合理的方法是使用像 Scrapy 这样的爬取工具，但是这里的情况可使用更为特殊的方法。可通过访问 ESPN 和 NBA 网站剪切、粘贴数据并将其存放至 Excel 中，然后手动整理数据并保存为 CSV 文件。对于小型数据集，这种方法通常比编写脚本执行相同的任务要快得多。

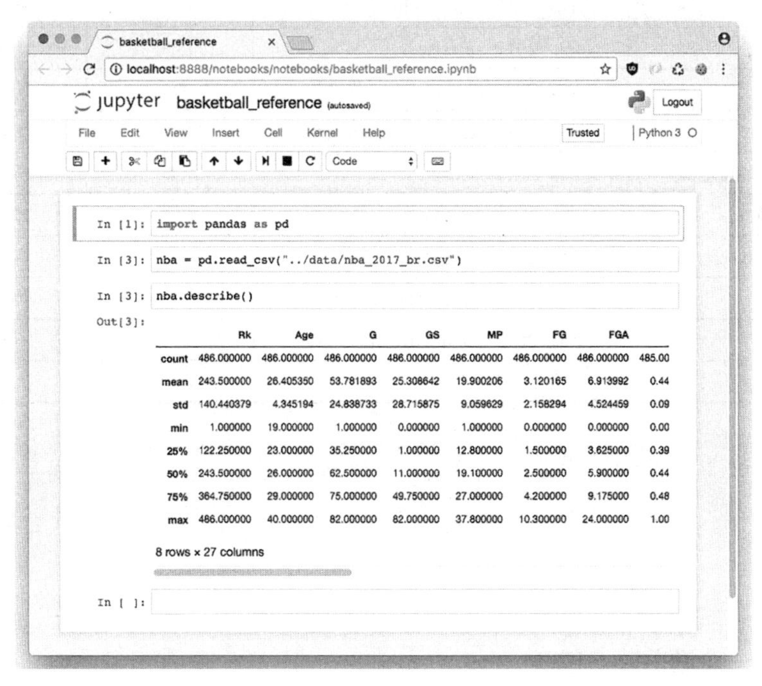


| | Rk | Age | G | GS | MP | FG | FGA | |
|---|---|---|---|---|---|---|---|---|
| count | 486.000000 | 486.000000 | 486.000000 | 486.000000 | 486.000000 | 486.000000 | 486.000000 | 485.00 |
| mean | 243.500000 | 26.405350 | 53.781893 | 25.308642 | 19.900206 | 3.120165 | 6.913992 | 0.44 |
| std | 140.440379 | 4.345194 | 24.838733 | 28.715875 | 9.059629 | 2.158294 | 4.524459 | 0.09 |
| min | 1.000000 | 19.000000 | 1.000000 | 0.000000 | 1.000000 | 0.000000 | 0.000000 | 0.00 |
| 25% | 122.250000 | 23.000000 | 35.250000 | 1.000000 | 12.800000 | 1.500000 | 3.625000 | 0.39 |
| 50% | 243.500000 | 26.000000 | 62.500000 | 11.000000 | 19.100000 | 2.500000 | 5.900000 | 0.44 |
| 75% | 364.750000 | 29.000000 | 75.000000 | 49.750000 | 27.000000 | 4.200000 | 9.175000 | 0.48 |
| max | 486.000000 | 40.000000 | 82.000000 | 82.000000 | 37.800000 | 10.300000 | 24.000000 | 1.00 |

图 6.2　Basketball Reference 数据帧通过 describe 命令在 Jupyter Notebook 中输出

如果后面需要将这些数据转换成更大的项目，使用此方法可不是什么好主意，但对于原型设计，它是最强大的选项之一。解决棘手的数据科学问题的关键是不断取得进展而不是陷入太多的细节。花大量时间自动操作棘手的数据源非常容易，但后来会意识到这些数据信息没有用。

从 ESPN 抓取数据的过程与 FiveThirtyEight 类似，所以在此不再描述如何收集这些数据。需要收集的其他数据源是薪水和广告代言收入。ESPN 有球员的薪水信息，福布斯有 8 名球员少量的代言收入数据。表 6.1 描述了这些数据源的形式，概括了数据源的内容并定义了这些数据源。这份令人印象深刻的数据源表主要是通过人工操作完成的。

表 6.1 NBA 数据源

| 数据源 | 文件名 | 行 | 摘要 |
| --- | --- | --- | --- |
| Basketball Reference | nba_2017_attendance.csv | 30 | 赛场出勤 |
| 福布斯 | nba_2017_endorsements.csv | 8 | 顶尖球员 |
| 福布斯 | nba_2017_team_valuations.csv | 30 | 所有球队 |
| ESPN | nba_2017_salary.csv | 450 | 大多数球员 |
| NBA | nba_2017_pie.csv | 468 | 所有球员 |
| ESPN | nba_2017_real_plus_minus.csv | 468 | 所有球员 |
| Basketball Reference | nba_2017_br.csv | 468 | 所有球员 |
| FiveThirtyEight | nba_2017_elo.csv | 30 | 球队排名 |
| Basketball Reference | nba_2017_attendance.csv | 30 | 赛场出勤 |
| 福布斯 | nba_2017_endorsements.csv | 8 | 顶尖球员 |
| 福布斯 | nba_2017_team_valuations.csv | 30 | 所有球队 |
| ESPN | nba_2017_salary.csv | 450 | 大多数球员 |

还有许多工作要做，主要是从 Twitter 和 Wikipedia 获取其他数据并将其转换为统一的数据集。最开始的几个有趣的探索是探索前 8 名球员的广告代言收入及球队价值。

### 探索第一个数据源：球队

首先要做的工作是使用一个新的 Jupyter Notebook。此工作在 GitHub 存储库中已完成，它被称为 exploring_team_valuation_nba。接下来，导入常用库，这些库通常用于在 Jupyter Notebook 中查看数据，如列表 6.4 所示。

列表 6.4 Jupyter Notebook 常见的初始导入

```
import pandas as pd
import statsmodels.api as sm
import statsmodels.formula.api as smf
import matplotlib.pyplot as plt
import seaborn as sns
color = sns.color_palette()
%matplotlib inline
```

```
In [24]: results = smf.ols(
         'VALUE_MILLIONS ~TOTAL_MILLIONS',
         data=attendance_valuation_df).fit()
In [25]: print(results.summary())
                            OLS Regression Results
==============================================================
Dep. Variable:          VALUE_MILLIONS   R-squared:              0.282
Model:                             OLS   Adj. R-squared:         0.256
Method:                  Least Squares   F-statistic:            10.98
Date:                 Thu, 10 Aug 2017   Prob (F-statistic):0.00255
Time:                         14:21:16   Log-Likelihood:       -234.04
No. Observations:                   30   AIC:                    472.1
Df Residuals:                       28   BIC:                    474.9
Df Model:                            1
Covariance Type:             nonrobust
==============================================================
                     coef    std err          t  P>|t|[0.025 0.975]
--------------------------------------------------------------
.....
Warnings:
[1] Standard Errors assume that the covariance matrix of the errors
is correctly specified.
```

从回归结果看，变量 TOTAL_MILLIONS（以百万为单位的总出勤率）在预测出勤率变化方面具有统计学意义（*P* 值小于 0.05）。*R* 平方值 0.282（或 28%）展示了良好的拟合性，即回归线与数据完全拟合的程度。

做更多的绘图和诊断将能展示该模型的预测能力。Seaborn 有内建的且十分有用的残差图，用于绘制残差，如图 6.7 所示。理想方案是使残差随机分布，如果图中有模式，则可能表明模型存在问题。残差随机分布似乎没有统一的模式。

```
In [88]: sns.residplot(y="VALUE_MILLIONS", x="TOTAL_MILLIONS",
    ...: data=attendance_valuation_df)
    ...:
Out[88]: <matplotlib.axes._subplots.AxesSubplot at 0x114d3d080>
```

衡量机器学习或统计预测准确性的常用方法是查看均方根误差（RMSE）。下面是使用 StatsModels 方法查看 RMSE。

```
In [92]: import statsmodels
    ...: rmse = statsmodels.tools.eval_measures.rmse(
         attendance_valuation_predictions_df["predicted"],
         attendance_valuation_predict
```

```
   ...: ions_df["VALUE_MILLIONS"])
   ...: rmse
   ...:
Out[92]: 591.33219017442696
```

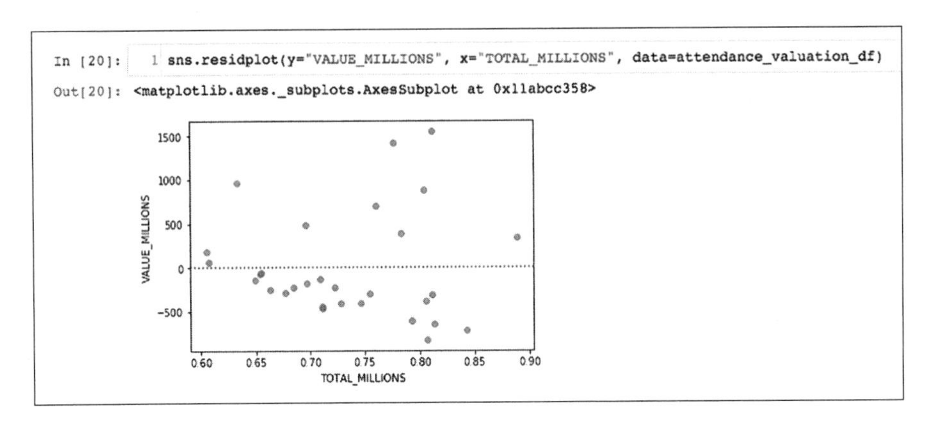


图 6.7 NBA 球队出勤率与价值残差图

RMSE 越低，预测效果越好。为了获得更高的预测精度，需要找到一种降低 RMSE 的方法。另外，拥有更大的数据集以使模型可划分成测试数据和训练数据，这将确保更高的准确性并减少过度拟合的可能性。更多的诊断步骤是绘制线性回归预测值与实际值的关系。图 6.8 展示了预测值和实际值的 lmplot 回归模型绘图方法，显然这不是出色的预测模型。不过，这是一个良好的开端，通常它是通过寻找相关度或统计学显著关系来创建机器学习模型，然后决定该模型是否需要收集更多数据。

初步结论是，虽然 NBA 球队的出勤率和价值之间存在关系，但也存在缺失或潜在变数。初步的直觉是，该地区的人口、房地产价格中位数以及球队的优秀程度（ELO 排名和获胜百分比）都可在其中发挥作用。

```
In [89]: attendance_valuation_predictions_df =\
         attendance_valuation_df.copy()

In [90]: attendance_valuation_predictions_df["predicted"] =\
         results.predict()
```

```
In [91]: sns.lmplot(x="predicted", y="VALUE_MILLIONS",\
         data=attendance_valuation_predictions_df)
Out[91]: <seaborn.axisgrid.FacetGrid at 0x1178d2198>
```

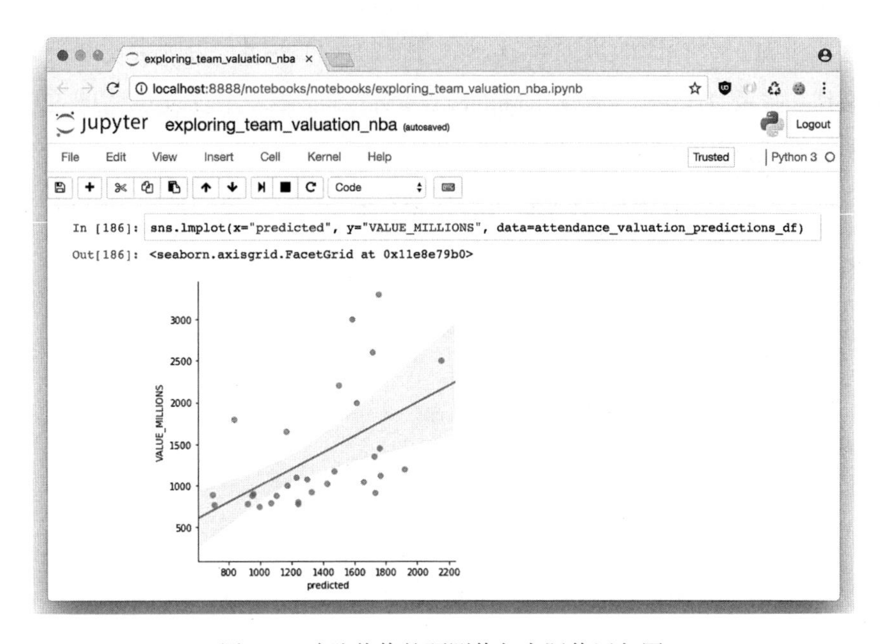


图 6.8　球队价值的预测值与实际值回归图

## 无监督机器学习：聚类第一个数据源

对 NBA 球队情况的下一步更为深入的研究是使用无监督机器学习聚类数据。可在 https://www.zillow.com/research/ 手动查找某个县的房价中位数，并在 https://www.census.gov/data/tables/2016/demo/popest/counties-total.html 上从人口普查数据中查找每个县的人口。

可用新的数据帧对这些新数据进行加载。

```
In [99]: val_housing_win_df =
pd.read_csv("../data/nba_2017_att_val_elo_win_housing.csv")
In [100]: val_housing_win_df.columns
Out[100]:
Index(['TEAM', 'GMS', 'PCT_ATTENDANCE', 'WINNING_SEASON',
       'TOTAL_ATTENDANCE_MILLIONS', 'VALUE_MILLIONS',
        'ELO', 'CONF', 'COUNTY',
        'MEDIAN_HOME_PRICE_COUNTY_MILLONS',
```

```
        'COUNTY_POPULATION_MILLIONS'],
      dtype='object')
```

k 近邻（kNN）聚类的工作原理是确定点之间的欧氏距离。聚类的特征需进行缩放归一化，以便一个特征的尺度与另一个特征的尺度不同，否则会使聚类失真。此外，聚类比科学更为艺术，选择正确的聚类数目可能是一个反复试验的过程。下面是比例缩放在实践中的工作原理。

```
In [102]: numerical_df = val_housing_win_df.loc[:,\
["TOTAL_ATTENDANCE_MILLIONS", "ELO", "VALUE_MILLIONS",
 "MEDIAN_HOME_PRICE_COUNT
     ...: Y_MILLONS"]]
In [103]: from sklearn.preprocessing import MinMaxScaler
     ...: scaler = MinMaxScaler()
     ...: print(scaler.fit(numerical_df))
     ...: print(scaler.transform(numerical_df))
MinMaxScaler(copy=True, feature_range=(0, 1))
[[ 1.          0.41898148  0.68627451  0.08776879]
 [ 0.72637903  0.18981481  0.2745098   0.11603661]
 [ 0.41067502  0.12731481  0.12745098  0.13419221]…
```

在本示例中，调用 scikit-learn 机器学习库中的 MinMaxScaler 归一化函数。它将所有数值归一化为 0 到 1 之间的值。接下来，对缩放归一化后的数据执行 sklearn.cluster 聚类函数，然后将聚类结果附加到新的列中。

```
In [104]: from sklearn.cluster import KMeans
     ...: k_means = KMeans(n_clusters=3)
     ...: kmeans = k_means.fit(scaler.transform(numerical_df))
     ...: val_housing_win_df['cluster'] = kmeans.labels_
     ...: val_housing_win_df.head()
     ...:
Out[104]:
               TEAM  GMS  PCT_ATTENDANCE  WINNING_SEASON  \
0     Chicago Bulls   41             104               1
1  Dallas Mavericks   41             103               0
2  Sacramento Kings   41             101               0
3        Miami Heat   41             100               1
4   Toronto Raptors   41             100               1
   TOTAL_ATTENDANCE_MILLIONS  VALUE_MILLIONS   ELO  CONF
0                   0.888882            2500  1519  East
1                   0.811366            1450  1420  West
2                   0.721928            1075  1393  West
3                   0.805400            1350  1569  East
4                   0.813050            1125  1600  East
```

```
   MEDIAN_HOME_PRICE_COUNTY_MILLONS  cluster
0                          269900.0    1
1                          314990.0    1
2                          343950.0    0
3                          389000.0    1
4                          390000.0    1
```

此时，已经有足够的解决方案为公司提供即时价值，并且正在形成数据管道。接下来使用R和ggplot绘图命令绘制聚类图。为将该数据集引入到R语言中，可将其写入CSV文件中。

```
In [105]: val_housing_win_df.to_csv(
"../data/nba_2017_att_val_elo_win_housing_cluster.csv"
)
```

### 用R语言绘制3D kNN聚类图

R语言的一个亮点是可用有意义的文本创建高级绘图。能够用R和Python编写代码解决方案为机器学习开辟了更广泛的应用。在特殊情况下，我们将使用R 3D散点图库和R Studio来绘制已学过的kNN聚类的复杂关系图。在本章的GitHub项目中，有一个具有代码和绘图功能的R markdown笔记本；还可使用Notebook的R Studio中的预览功能进行后续操作。

要在R Studio（或R shell）的控制台中启动，请导入scatterplot3d库并用以下命令加载数据。

```
> library("scatterplot3d",
        lib.loc="/Library/Frameworks/R.framework/\
        Versions/3.4/Resources/library")
> team_cluster <- read_csv("~/src/aibook/src/chapter7/data/\
nba_2017_att_val_elo_win_housing_cluster.csv",
+                          col_types = cols(X1 = col_skip()))
```

接下来，创建一个函数将数据类型转换为scatterplot3d库格式。

```
> cluster_to_numeric <- function(column){
+     converted_column <- as.numeric(unlist(column))
+     return(converted_column)
+ }
```

创建新列保存各聚类的颜色数据。

```
> team_cluster$pcolor[team_cluster$cluster == 0] <- "red"
> team_cluster$pcolor[team_cluster$cluster == 1] <- "blue"
> team_cluster$pcolor[team_cluster$cluster == 2] <- "darkgreen"
```

创建 3D 骨架图。

```
> s3d <- scatterplot3d(
+     cluster_to_numeric(team_cluster["VALUE_MILLIONS"]),
+     cluster_to_numeric(
        team_cluster["MEDIAN_HOME_PRICE_COUNTY_MILLIONS"]),
+     cluster_to_numeric(team_cluster["ELO"]),
+     color = team_cluster$pcolor,
+     pch=19,
+     type="h",
+     lty.hplot=2,
+     main="3-D Scatterplot NBA Teams 2016-2017:
  Value, Performance, Home Prices with kNN Clustering",
+     zlab="Team Performance (ELO)",
+     xlab="Value of Team in Millions",
+     ylab="Median Home Price County Millions"
+ )
>
```

将文本绘制在 3D 空间的正确位置，这需要一些编码工作。

```
s3d.coords <- s3d$xyz.convert(
cluster_to_numeric(team_cluster["VALUE_MILLIONS"]),
                              cluster_to_numeric(
team_cluster["MEDIAN_HOME_PRICE_COUNTY_MILLIONS"]),
                cluster_to_numeric(team_cluster["ELO"]))

#plot text
text(s3d.coords$x, s3d.coords$y,     # x and y coordinates
     labels=team_cluster$TEAM,       # text to plot
     pos=4, cex=.6)                  # shrink text)
```

图 6.9 展示了一些异常的模式。纽约尼克斯队和洛杉矶湖人队是篮球史上最差的两支球队，但它们也是最有价值的球队。另外，我们可以看到这些球队都位于房价中位数最高的城市，这对这些球队的高价值发挥了作用。结果就是，它们都在自己的聚类中。

蓝色的聚类大多是 NBA 最好球队的集合。它们也倾向于居住在房价中位数较

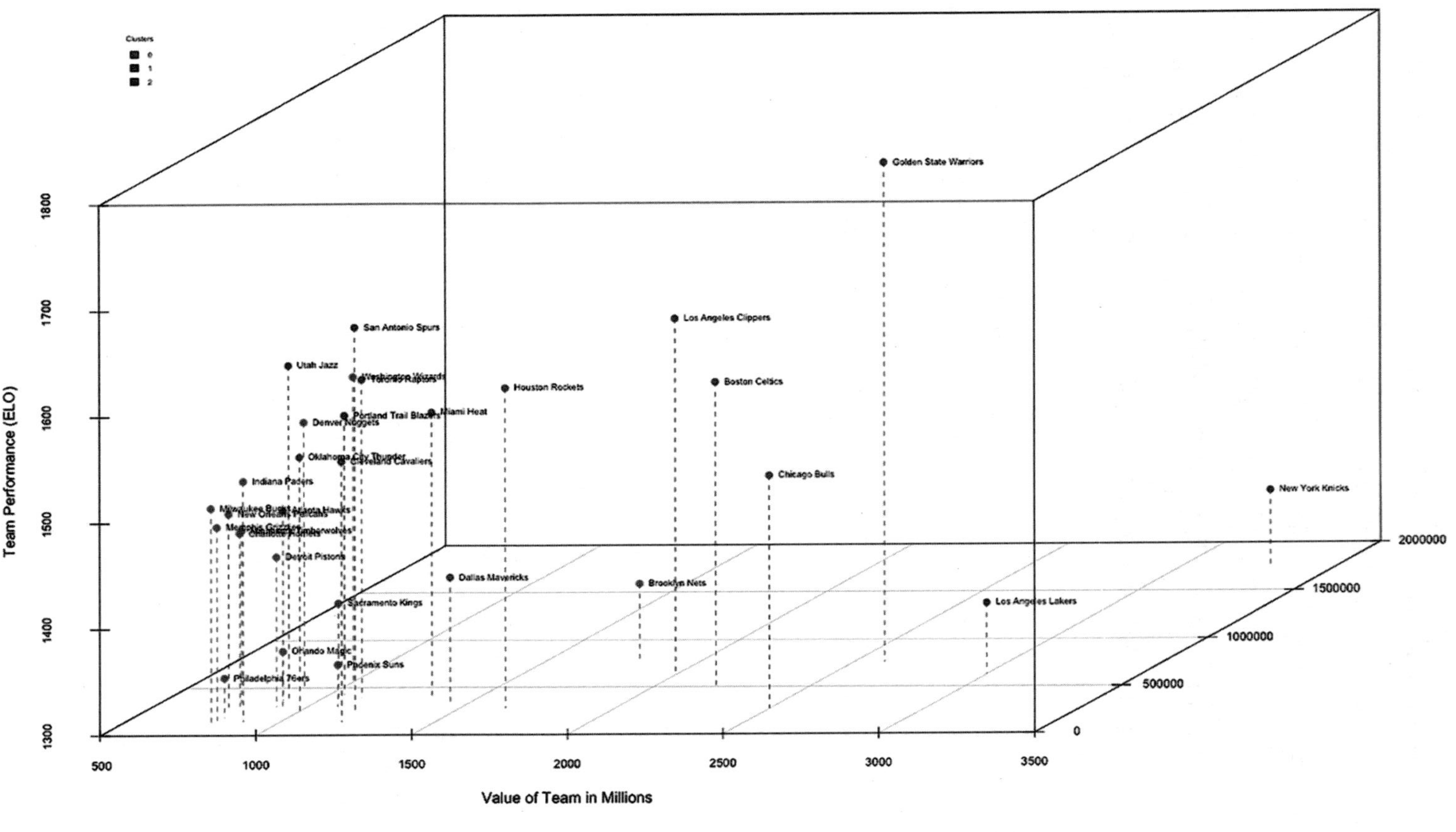


图 6.9 2016—2017 年 NBA 球队 kNN 聚类 3D 散点图

高但实际价值差异较大的城市。这让我怀疑房地产相比球队实际表现在球队价值中扮演着更重要的角色（这与前面的线性回归结果一致）。

红色的聚类显示球队的表现通常低于平均水平、价值低于平均水平、房地产价格也低于平均水平。唯一的例外是布鲁克林篮网队，它正在成为洛杉矶湖人队和纽约尼克斯队这种类型的球队：表现不佳，但价值很高。

R 还有一种可在多维度中可视化这些关系的方式。接下来，使用 R 语言中的 ggplot 函数创建一个图。

在新图形中绘制关系时，要做的第一件事情就是为聚类创建逻辑名称。3D 图提供了一些关于如何命名聚类的思路。聚类 0 显示为低价值 / 差表现聚类，聚类 1 是中等价值 / 好表现聚类，聚类 2 是高价值 / 差表现聚类。需补充的是，聚类数目的选择是一个复杂的主题。（有关该主题的更多信息，请参见附录 B。）

```
> team_cluster <- read_csv("nba_cluster.csv",
+                          col_types = cols(X1 = col_skip()))
> library("ggplot2")
>
> #Name Clusters
> team_cluster$cluster_name[team_cluster$cluster == 0] <- "Low"
Unknown or uninitialised column: 'cluster_name'.
> team_cluster$cluster_name[team_cluster$
        cluster == 1] <- "Medium Valuation/High Performance"
> team_cluster$cluster_name[team_cluster$
        cluster == 2] <- "High Valuation/Low Performance"
```

接下来，我们可以使用这些聚类名称进行分面（在每个图中创建多个图）。此外，ggplot 有能力创建其他维度，我们也会使用它们：颜色显示获胜球队百分比和失败球队百分比，大小显示城市房价中位数的差异，形状表示美国东部或西部的 NBA 球队。

```
> p <- ggplot(data = team_cluster) +
+     geom_point(mapping = aes(x = ELO,
+                              y = VALUE_MILLIONS,
+                              color =
factor(WINNING_SEASON, labels=
c("LOSING","WINNING")),
+size = MEDIAN_HOME_PRICE_COUNTY_MILLIONS,
```

```
+                                   shape = CONF)) +
+     facet_wrap(~ cluster_name) +
+     ggtitle("NBA Teams 2016-2017 Faceted Plot") +
+     ylab("Value NBA Team in Millions") +
+     xlab("Relative Team Performance (ELO)") +
+     geom_text(aes(x = ELO, y = VALUE_MILLIONS,
+ label=ifelse(VALUE_MILLIONS>1200,
+ as.character(TEAM),'')),hjust=.35,vjust=1)
```

注意，如果价值超过 1200，则 geom_text 只打印球队名称。这样能使绘图更具可读性，而不会被重叠的文本覆盖。在最后的代码片段中，将更改图例标题。请注意，水平和垂直标题的颜色将更改为对应的颜色系数值（默认值为 0、0.25、0.50、1）。绘图的输出如图 6.10 所示。ggplot 的分面特性展示了聚类如何为研究数据增加价值。即使你是 Python 或 Scala 等其他机器学习语言专家，使用 R 进行高级绘图也是一个好的思路，结果不言而喻。

```
#Change legends
p +
    guides(color = guide_legend(title = "Winning Season")) +
    guides(size = guide_legend(
+ title = "Median Home Price County in Millions" )) +
    guides(shape = guide_legend(title = "NBA Conference"))
```

## 6.2　收集具有挑战性的数据源

由于已经收集了关于团队的一组良好的数据，现在是进入收集更具挑战性的数据源的时候了。这就是事情开始变得更加真实的地方。收集随机数据源存在一些巨大的问题：API 限制、未文档化的 API、脏数据等。

### 6.2.1　收集运动员的 Wikipedia 页面访问量

下面是几个需要解决的问题。

1. 如何对 Wikipedia 系统进行逆向工程以获得页面访问量（或查找隐藏的 API 文档）。

2. 如何找到一种生成 Wikipedia 句柄的方法（句柄名称可能与 NBA 名称不同）。

3. 如何将数据帧与其他数据连接起来。

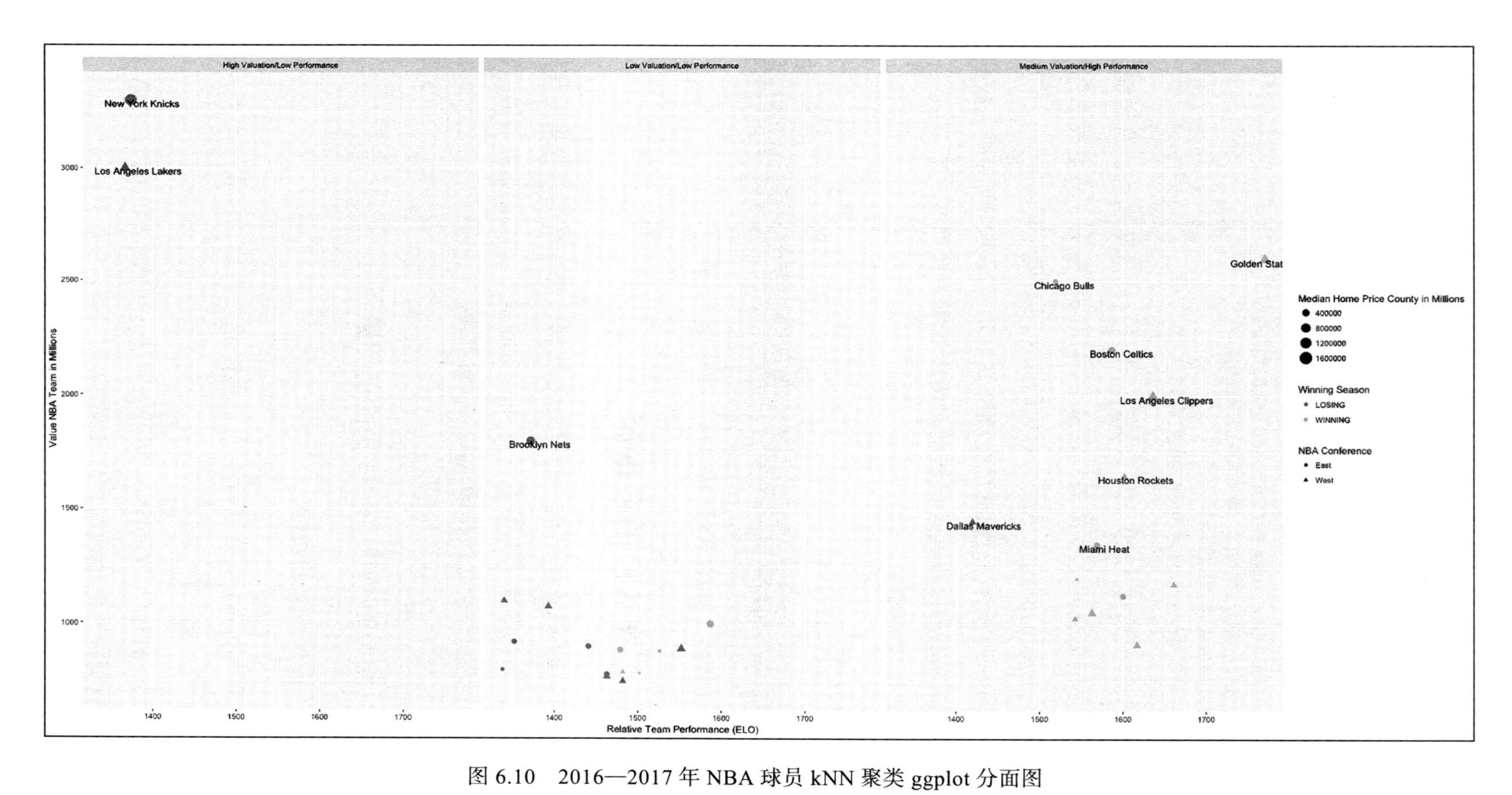


图 6.10　2016—2017 年 NBA 球员 kNN 聚类 ggplot 分面图

这里介绍在 Python 中完成此任务的方法。本示例的全部源码都在本书的 GitHub 存储库中，并分段对源码进行了分析。下面是 Wikipedia 页面视图的示例 URL 和所需的四个模块。请求库将发出 HTTP 调用，Pandas 将结果转换为数据帧，Wikipedia 库将用于启发式探测某个运动员正确的 Wikipedia URL。

```
"""
Example Route To Construct:

https://wikimedia.org/api/rest_v1/ +
metrics/pageviews/per-article/ +
en.wikipedia/all-access/user/ +
LeBron_James/daily/2015070100/2017070500 +

"""
import requests
import pandas as pd
import time
import wikipedia

BASE_URL =\
 "https://wikimedia.org/api/rest_v1/\
metrics/pageviews/per-article/en.wikipedia/all-access/user"
```

接着，下面的代码构造具有数据范围和用户名的 URL。

```
def construct_url(handle, period, start, end):
    """Constructs a URL based on arguments

    Should construct the following URL:
    /LeBron_James/daily/2015070100/2017070500
    """
    urls  = [BASE_URL, handle, period, start, end]
    constructed = str.join('/', urls)
    return constructed

def query_wikipedia_pageviews(url):

    res = requests.get(url)
    return res.json()

def wikipedia_pageviews(handle, period, start, end):
    """Returns JSON"""

    constructed_url = construct_url(handle, period, start,end)
    pageviews = query_wikipedia_pageviews(url=constructed_url)
    return pageviews
```

下面函数自动填充 2016 年的查询。稍后的内容可能有些抽象，但这里只是为了提高速度而采用了硬编码的黑客代码，它可能是有价值的技术债。另外需注意，休眠时间要设置为 0，但若是访问 API 受限，则可能需要启动休眠。这里的函数代码是第一次访问 API 时的常见模式，而 API 访问有时可能会出现意外，因此通常要在一定的时间间隔后重新启动休眠，这也是一种临时举措。

```
def wikipedia_2016(handle,sleep=0):
    """Retrieve pageviews for 2016"""

    print("SLEEP: {sleep}".format(sleep=sleep))
    time.sleep(sleep)
    pageviews = wikipedia_pageviews(handle=handle,
            period="daily", start="2016010100", end="2016123100")
    if not 'items' in pageviews:
        print("NO PAGEVIEWS: {handle}".format(handle=handle))
        return None
    return pageviews
```

接下来，将结果转换为 Pandas 数据帧。

```
def create_wikipedia_df(handles):
    """Creates a Dataframe of Pageviews"""

    pageviews = []
    timestamps = []
    names = []
    wikipedia_handles = []
    for name, handle in handles.items():
        pageviews_record = wikipedia_2016(handle)
        if pageviews_record is None:
            continue
        for record in pageviews_record['items']:
            pageviews.append(record['views'])
            timestamps.append(record['timestamp'])
            names.append(name)
            wikipedia_handles.append(handle)
    data = {
        "names": names,
        "wikipedia_handles": wikipedia_handles,
        "pageviews": pageviews,
        "timestamps": timestamps
    }
    df = pd.DataFrame(data)
    return df
```

因为需要一些启发式方法来猜测正确的句柄，代码中较为棘手的部分将从这里开始。第一遍猜测大多句柄是 first_last。第二遍将“( basketball)”附加到名称中，这是 Wikipedia 消除歧义的常用策略。

```
def create_wikipedia_handle(raw_handle):
    """Takes a raw handle and converts it to a wikipedia handle"""

    wikipedia_handle = raw_handle.replace(" ", "_")
    return wikipedia_handle

def create_wikipedia_nba_handle(name):
    """Appends basketball to link"""

    url = " ".join([name, "(basketball)"])
    return url

def wikipedia_current_nba_roster():
    """Gets all links on wikipedia current roster page"""

    links = {}
    nba = wikipedia.page("List_of_current_NBA_team_rosters")
    for link in nba.links:
        links[link] = create_wikipedia_handle(link)
    return links
```

此段代码同时运行启发式操作并返回已验证的句柄和猜测。

```
def guess_wikipedia_nba_handle(data="data/nba_2017_br.csv"):
    """Attempt to get the correct wikipedia handle"""

    links = wikipedia_current_nba_roster()
    nba = pd.read_csv(data)
    count = 0
    verified = {}
    guesses = {}
    for player in nba["Player"].values:
        if player in links:
            print("Player: {player}, Link: {link} ".\
        format(player=player,
                 link=links[player]))
        print(count)
        count += 1
        verified[player] = links[player] #add wikipedia link
    else:
        print("NO MATCH: {player}".format(player=player))
        guesses[player] = create_wikipedia_handle(player)
return verified, guesses
```

接下来，Wikipedia Python 库用于转换对姓名的失败初始猜测，并在页面摘要中查找 NBA。这是获得更多比赛信息的另一个不错的技巧。

```
def validate_wikipedia_guesses(guesses):
    """Validate guessed wikipedia accounts"""

    verified = {}
    wrong = {}
    for name, link in guesses.items():
        try:
            page = wikipedia.page(link)
        except (wikipedia.DisambiguationError,
        wikipedia.PageError) as error:
            #try basketball suffix
            nba_handle = create_wikipedia_nba_handle(name)
            try:
                page = wikipedia.page(nba_handle)
                print("Initial wikipedia URL Failed:\
                 {error}".format(error=error))
            except (wikipedia.DisambiguationError,
                 wikipedia.PageError) as error:
                print("Second Match Failure: {error}".\
            format(error=error))
                wrong[name] = link
                continue
        if "NBA" in page.summary:
            verified[name] = link
        else:
            print("NO GUESS MATCH: {name}".format(name=name))
            wrong[name] = link
    return verified, wrong
```

在脚本末尾，运行所有的内容并使用输出创建一个新的 CSV 文件。

```
def clean_wikipedia_handles(data="data/nba_2017_br.csv"):
    """Clean Handles"""

    verified, guesses = guess_wikipedia_nba_handle(data=data)
    verified_cleaned, wrong = validate_wikipedia_guesses(guesses)
    print("WRONG Matches: {wrong}".format(wrong=wrong))
    handles = {**verified, **verified_cleaned}
    return handles
def nba_wikipedia_dataframe(data="data/nba_2017_br.csv"):
    handles = clean_wikipedia_handles(data=data)
    df = create_wikipedia_df(handles)
    return df
```

```
def create_wikipedia_csv(data="data/nba_2017_br.csv"):
    df = nba_wikipedia_dataframe(data=data)
    df.to_csv("data/wikipedia_nba.csv")

if __name__ == "__main__":
    create_wikipedia_csv()
```

像这样的工作可能需要几小时到几天的时间，而且它代表了通过随机数据源来解决问题的务实性。

### 6.2.2 收集运动员的 Twitter 参与度

从 Twitter 收集数据的元素要容易一些。首先，Python 中有一个强大的库，它贴切地命名为 twitter。然而，期间，也会面临一些挑战，这些挑战罗列如下。

1. 使用描述性统计方法总结参与度。
2. 找到正确的 Twitter 句柄（Twitter 上的句柄名称比 Wikipedia 上的更难找）。
3. 连接数据帧与其他数据。

首先，创建 config.py 配置文件并将 Twitter API 证书放入其中。然后，.import config 将创建一个命名空间来使用这些证书。另外，还导入 Twitter 错误处理机制以及 Pandas 和 NumPy。

```
import time

import twitter
from . import config
import pandas as pd
import numpy as np
from twitter.error import TwitterError
```

下面的程序代码与 Twitter 对话并爬取 200 条推文，然后将推文转换为 Pandas 数据帧。请注意该程序模式是如何频繁用于访问 API 的，即将列被放入列表中，然后使用列的列表创建数据帧。

```
def api_handler():
    """Creates connection to Twitter API"""
```

```
    api = twitter.Api(consumer_key=config.CONSUMER_KEY,
    consumer_secret=config.CONSUMER_SECRET,
    access_token_key=config.ACCESS_TOKEN_KEY,
    access_token_secret=config.ACCESS_TOKEN_SECRET)
    return api
def tweets_by_user(api, user, count=200):
    """Grabs the "n" number of tweets. Defaults to 200"""

    tweets = api.GetUserTimeline(screen_name=user, count=count)
    return tweets

def stats_to_df(tweets):
    """Takes twitter stats and converts them to a dataframe"""

    records = []
    for tweet in tweets:
        records.append({"created_at":tweet.created_at,
            "screen_name":tweet.user.screen_name,
            "retweet_count":tweet.retweet_count,
            "favorite_count":tweet.favorite_count})
    df = pd.DataFrame(data=records)
    return df

def stats_df(user):
    """Returns a dataframe of stats"""

    api = api_handler()
    tweets = tweets_by_user(api, user)
    df = stats_to_df(tweets)
    return df
```

最后一个函数 stats_df 现在可用于交互式地探索 Twitter API 调用结果。下面是勒布朗·詹姆斯的描述性统计示例。

```
df = stats_df(user="KingJames")
In [34]: df.describe()
Out[34]:
       favorite_count  retweet_count
count      200.000000     200.000000
mean     11680.670000    4970.585000
std      20694.982228    9230.301069
min          0.000000      39.000000
25%       1589.500000     419.750000
50%       4659.500000    1157.500000
75%      13217.750000    4881.000000
max     128614.000000   70601.000000

In [35]: df.corr()
```

```
Out[35]:
                favorite_count  retweet_count
favorite_count        1.000000       0.904623
retweet_count         0.904623       1.000000
```

在下面的代码中，使用少量睡眠调用Twitter API，以避免遇到API限流。注意，Twitter句柄是从CSV文件中提取的。Basketball Reference中也保留了大量供选择的Twitter账号。另一个选择是人工查找Twitter账号。

```
def twitter_handles(sleep=.5,data="data/twitter_nba_combined.csv"):
    """yield handles"""

    nba = pd.read_csv(data)
    for handle in nba["twitter_handle"]:
        time.sleep(sleep) #Avoid throttling in twitter api
        try:
            df = stats_df(handle)
        except TwitterError as error:
            print("Error {handle} and error msg {error}".format(
                handle=handle,error=error))
            df = None
        yield df

def median_engagement(data="data/twitter_nba_combined.csv"):
    """Median engagement on twitter"""

    favorite_count = []
    retweet_count = []
    nba = pd.read_csv(data)
    for record in twitter_handles(data=data):
        print(record)
        #None records stored as Nan value
        if record is None:
            print("NO RECORD: {record}".format(record=record))
            favorite_count.append(np.nan)
            retweet_count.append(np.nan)
            continue
        try:
            favorite_count.append(record['favorite_count'].median())
            retweet_count.append(record["retweet_count"].median())
        except KeyError as error:
            print("No values found to append {error}".\
        format(error=error))
            favorite_count.append(np.nan)
            retweet_count.append(np.nan)

    print("Creating DF")
```

```
    nba['twitter_favorite_count'] = favorite_count
    nba['twitter_retweet_count'] = retweet_count
    return nba
```

最后，创建新的 CSV 文件。

```
def create_twitter_csv(data="data/nba_2016_2017_wikipedia.csv"):
    nba = median_engagement(data)
    nba.to_csv("data/nba_2016_2017_wikipedia_twitter.csv")
```

### 6.2.3 探索 NBA 运动员数据

为了研究运动员的数据，创建一个新的 Jupyter Notebook，该 Notebook 命名为 nba_player_power_influence_performance。首先，导入几个常用的库。

```
In [106]: import pandas as pd
     ...: import numpy as np
     ...: import statsmodels.api as sm
     ...: import statsmodels.formula.api as smf
     ...: import matplotlib.pyplot as plt
     ...: import seaborn as sns
     ...: from sklearn.cluster import KMeans
     ...: color = sns.color_palette()
     ...: from IPython.core.display import display, HTML
     ...: display(HTML("<style>.container\
 { width:100% !important; }</style>"))
     ...: %matplotlib inline
     ...:
<IPython.core.display.HTML object>
```

接下来，加载项目中的数据文件并重新命名列。

```
In [108]: attendance_valuation_elo_df =\
 pd.read_csv("../data/nba_2017_att_val_elo.csv")
In [109]: salary_df = pd.read_csv("../data/nba_2017_salary.csv")
In [110]: pie_df = pd.read_csv("../data/nba_2017_pie.csv")
In [111]: plus_minus_df =\
 pd.read_csv("../data/nba_2017_real_plus_minus.csv")
In [112]: br_stats_df = pd.read_csv("../data/nba_2017_br.csv")
In [113]: plus_minus_df.rename(
        columns={"NAME":"PLAYER", "WINS": "WINS_RPM"}, inplace=True)
     ...: players = []
     ...: for player in plus_minus_df["PLAYER"]:
     ...:     plyr, _ = player.split(",")
     ...:     players.append(plyr)
     ...: plus_minus_df.drop(["PLAYER"], inplace=True, axis=1)
     ...: plus_minus_df["PLAYER"] = players
     ...:
```

有一些重复的数据源，因此可以删除重复内容。

```
In [114]: nba_players_df = br_stats_df.copy()
     ...: nba_players_df.rename(
        columns={'Player': 'PLAYER','Pos':'POSITION',
        'Tm': "TEAM", 'Age': 'AGE', "PS/G": "POINTS"}, i
     ...: nplace=True)
     ...: nba_players_df.drop(["G", "GS", "TEAM"],
        inplace=True, axis=1)
     ...: nba_players_df =\
 nba_players_df.merge(plus_minus_df, how="inner", on="PLAYER")
     ...:
 In [115]: pie_df_subset = pie_df[["PLAYER", "PIE",
          "PACE", "W"]].copy()
      ...: nba_players_df = nba_players_df.merge(
         pie_df_subset, how="inner", on="PLAYER")
      ...:

 In [116]: salary_df.rename(columns={'NAME': 'PLAYER'}, inplace=True)
      ...: salary_df["SALARY_MILLIONS"] =\
          round(salary_df["SALARY"]/1000000, 2)
      ...: salary_df.drop(["POSITION","TEAM", "SALARY"],
          inplace=True, axis=1)
      ...:

 In [117]: salary_df.head()
 Out[117]:
            PLAYER  SALARY_MILLIONS
 0     LeBron James            30.96
 1       Mike Conley            26.54
 2        Al Horford            26.54
 3    Dirk Nowitzki            25.00
 4  Carmelo Anthony            24.56
```

由于缺失 111 名 NBA 球员的薪资信息，因此在进行分析时，球员的薪资也会下降。

```
In [118]: diff = list(set(
        nba_players_df["PLAYER"].values.tolist()) -
set(salary_df["PLAYER"].values.tolist()))

In [119]: len(diff)
Out[119]: 111

In [120]: nba_players_with_salary_df =\
 nba_players_df.merge(salary_df);
```

剩余部分是一个有 38 列的 Pandas 数据帧。

```
In [121]: nba_players_with_salary_df.columns
Out[121]:
Index(['Rk', 'PLAYER', 'POSITION', 'AGE', 'MP',
        'FG', 'FGA', 'FG%', '3P',
       '3PA', '3P%', '2P', '2PA', '2P%', 'eFG%',
         'FT', 'FTA', 'FT%', 'ORB',
       'DRB', 'TRB', 'AST', 'STL', 'BLK', 'TOV',
         'PF', 'POINTS', 'TEAM', 'GP',
       'MPG', 'ORPM', 'DRPM', 'RPM', 'WINS_RPM',
        'PIE', 'PACE', 'W',
       'SALARY_MILLIONS'],
      dtype='object')
In [122]: len(nba_players_with_salary_df.columns)
Out[122]: 38
```

接下来，可把数据帧与 Wikipedia 数据合并。数据被折叠成一个中间字段，因此可将其表示成一列中的一行。

```
In [123]: wiki_df = pd.read_csv(
        "../data/nba_2017_player_wikipedia.csv")
In [124]: wiki_df.rename(columns=\
        {'names': 'PLAYER', "pageviews": "PAGEVIEWS"}, inplace=True)
In [125]: median_wiki_df = wiki_df.groupby("PLAYER").median()
In [126]: median_wiki_df_small = median_wiki_df[["PAGEVIEWS"]]
In [127]: median_wiki_df_small.reset_index(
        level=0, inplace=True);median_wiki_df_sm.head()
Out[127]:
           PLAYER  PAGEVIEWS
0     A.J. Hammons        1.0
1     Aaron Brooks       10.0
2     Aaron Gordon      666.0
3     Aaron Harrison    487.0
4     Adreian Payne     166.0
In [128]: nba_players_with_salary_wiki_df =\
 nba_players_with_salary_df.merge(median_wiki_df_small)
```

最后要添加的列是 Twitter 数据中的值。

```
In [129]: twitter_df = pd.read_csv(
        "../data/nba_2017_twitter_players.csv")

In [130]: nba_players_with_salary_wiki_twitter_df=\
        nba_players_with_salary_wiki_df.merge(twitter_df)
```

现在总共有 41 个属性可以使用。

```
In [132]: len(nba_players_with_salary_wiki_twitter_df.columns)
Out[132]: 41
```

探索数据的下一步逻辑是创建相关度热图。

```
In [133]: plt.subplots(figsize=(20,15))
     ...: ax = plt.axes()
     ...: ax.set_title("NBA Player Correlation Heatmap")
     ...: corr = nba_players_with_salary_wiki_twitter_df.corr()
     ...: sns.heatmap(corr,
     ...:             xticklabels=corr.columns.values,
     ...:             yticklabels=corr.columns.values)
     ...:
Out[133]: <matplotlib.axes._subplots.AxesSubplot at 0x111e665c0>
<matplotlib.figure.Figure at 0x111e66780>
```

图 6.11 展示了一些有趣的相关度。Twitter 的参与度和 Wikipedia 的页面访问量是高度相关的。球员的胜利属性或者 WINS_RPM（WINS 为预估胜利场次；RPM 为真实正负值）也与 Twitter 和 Wikipedia 相关。薪水和得分也是高度相关的。

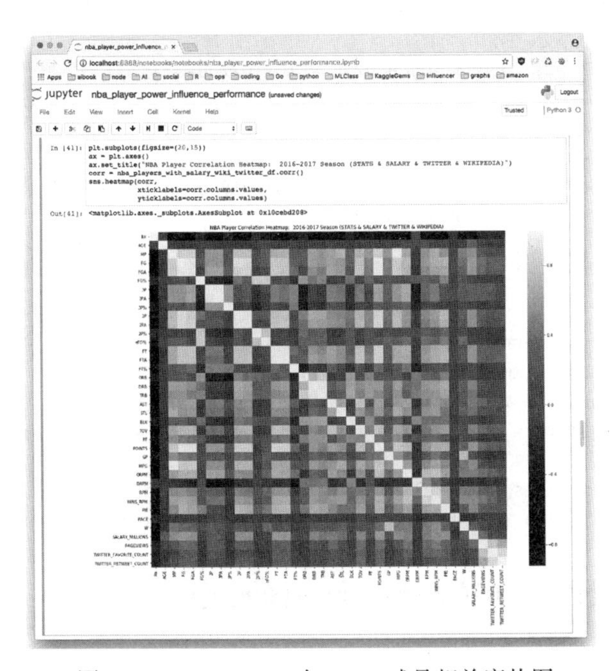


图 6.11　2016—2017 年 NBA 球员相关度热图

## 6.3 NBA 球员的无监督机器学习

使用多种数据集和许多有用的特征对 NBA 球员执行无监督机器学习被证明是十分有益的。第一步是缩放归一化数据并选择要聚类的特征（删除有缺失数据的行）。

```
In [135]: numerical_df =\
 nba_players_with_salary_wiki_twitter_df.loc[:,\
["AGE", "TRB", "AST", "STL", "TOV", "BLK", "PF", "POINTS",\
 "MPG", "WINS_RPM", "W", "SALARY_MILLIONS", "PAGEVIEWS", \
"TWITTER_FAVORITE_COUNT"]].dropna()
In [142]: from sklearn.preprocessing import MinMaxScaler
     ...: scaler = MinMaxScaler()
     ...: print(scaler.fit(numerical_df))
     ...: print(scaler.transform(numerical_df))
     ...:
MinMaxScaler(copy=True, feature_range=(0, 1))
[[  4.28571429e-01   8.35937500e-01   9.27927928e-01 ...,
    2.43447079e-01   1.73521746e-01]
 [  3.80952381e-01   6.32812500e-01   1.00000000e+00 ...,
    1.86527023e-01   7.89216485e-02]
 [  1.90476190e-01   9.21875000e-01   1.80180180e-01 ...,
    4.58206449e-03   2.99723082e-02]
 ...,
 [  9.52380952e-02   8.59375000e-02   2.70270270e-02 ...,
    1.52830350e-02   8.95911386e-04]
 [  2.85714286e-01   8.59375000e-02   3.60360360e-02 ...,
    1.19532117e-03   1.38459032e-03]
 [  1.42857143e-01   1.09375000e-01   1.80180180e-02 ...,
    7.25730711e-03   0.00000000e+00]]
```

接下来，再次聚类并编写 CSV 文件以便在 R 语言中执行分面绘图。

```
In [149]: from sklearn.cluster import KMeans
     ...: k_means = KMeans(n_clusters=5)
     ...: kmeans = k_means.fit(scaler.transform(numerical_df))
     ...: nba_players_with_salary_wiki_twitter_df['cluster'] = kmeans.labels_
     ...:
In [150]: nba_players_with_salary_wiki_twitter_df.to_csv(
        "../data/nba_2017_players_social_with_clusters.csv")
```

### 6.3.1 使用 R 语言对 NBA 球员执行分面聚类绘图

首先，导入 CSV 文件并使用 ggplot2 库。

```
> player_cluster <- read_csv(
+ "nba_2017_players_social_with_clusters.csv",
+                          col_types = cols(X1 = col_skip()))

> library("ggplot2")
```

接下来，给出所有四个聚类的有意义名称。

```
> #Name Clusters
> player_cluster$cluster_name[player_cluster$
+ cluster == 0] <- "Low Pay/Low"
> player_cluster$cluster_name[player_cluster$
+ cluster == 1] <- "High Pay/Above Average Performance"
> player_cluster$cluster_name[player_cluster$
+ cluster == 2] <- "Low Pay/Average Performance"
> player_cluster$cluster_name[player_cluster$
+ cluster == 3] <- "High Pay/High Performance"
> player_cluster$cluster_name[player_cluster$
+ cluster == 4] <- "Medium Pay/Above Average Performance"
```

使用聚类名称创建分面图。

```
> #Create faceted plot
> p <- ggplot(data = player_cluster) +
+     geom_point(mapping = aes(x = WINS_RPM,
+                              y = POINTS,
+                              color = SALARY_MILLIONS,
+                              size = PAGEVIEWS))+
+     facet_wrap(~ cluster_name) +
+     ggtitle("NBA Players Faceted") +
+     ylab("POINTS PER GAME") +
+     xlab("WINS ATTRIBUTABLE TO PLAYER (WINS_RPM)") +
+     geom_text(aes(x = WINS_RPM, y = POINTS,
```

在每个分面都有绘制图文本的工作，它由下面的 R 语言或语句完成。薪水使用了三种颜色，以便更清楚地看出差异。

```
label=ifelse(
+ PAGEVIEWS>10000|TOV>5|AGE>37|WINS_RPM>15|cluster
+ == 2 & WINS_RPM > 3,
+
as.character(PLAYER),'')),hjust=.8, check_overlap = FALSE)
>
> #Change legends
> p +
+     guides(color = guide_legend(title = "Salary Millions")) +
+     guides(size = guide_legend(
+ title = "Wikipedia Daily Pageviews" ))+
+     scale_color_gradientn(colours = rainbow(3))
```

```
>     geom_text(aes(x = ELO, y = VALUE_MILLIONS, label=ifelse(
VALUE_MILLIONS>1200,as.character(TEAM),'')),hjust=.35,vjust=1)
```

最终结果是一个漂亮的分面图，如图 6.12 所示。所显示的主要是受欢迎程度、薪水和表现之间的差异。勒布朗·詹姆斯和拉塞尔·威斯布鲁克是最好的球员，而他们的薪水也最高。

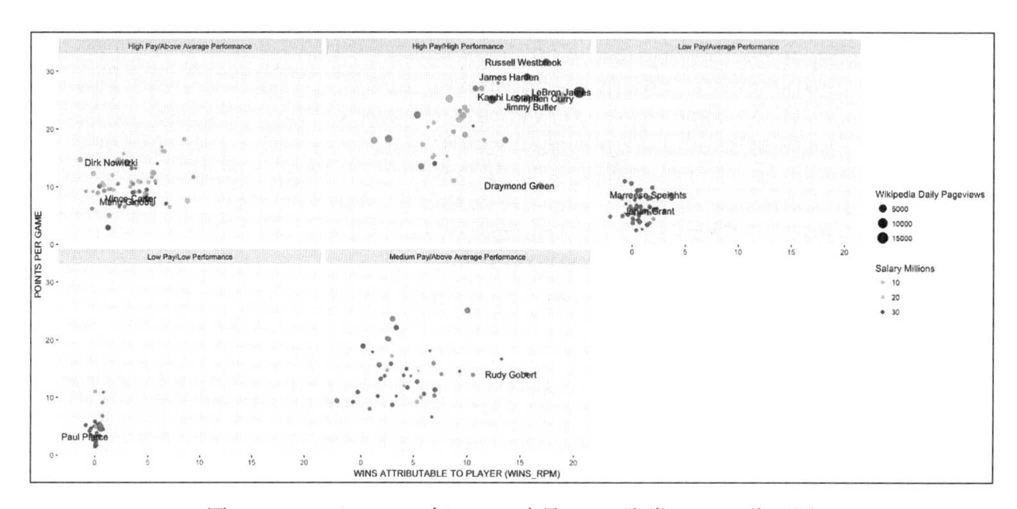


图 6.12　2016—2017 年 NBA 球员 kNN 聚类 ggplot 分面图

## 6.3.2　汇总：球队、球员、影响力和广告代言

收集完所有数据后，需要测试一些有趣的新图。通过结合代言、球队和球员数据，可制作两个有吸引力的图。首先是图 6.13 展示的代言数据相关度热图，从图中可看出红铜色为该图增添了有趣的变化，对应代码如下。

```
In [150]: nba_players_with_salary_wiki_twitter_df.to_csv(
"../data/nba_2017_players_social_with_clusters.csv")

In [151]: endorsements = pd.read_csv(
"../data/nba_2017_endorsement_full_stats.csv")

In [152]: plt.subplots(figsize=(20,15))
     ...: ax = plt.axes()
     ...: ax.set_title("NBA Player Endorsement, \
Social Power, On-Court Performance, \
Team Valuation Correlation Heatmap:  2016-2017
```

```
   ...: Season")
   ...: corr = endorsements.corr()
   ...: sns.heatmap(corr,
   ...:             xticklabels=corr.columns.values,
   ...:             yticklabels=corr.columns.values, cmap="copper")
   ...:
Out[152]: <matplotlib.axes._subplots.AxesSubplot at 0x1124d90b8>
<matplotlib.figure.Figure at 0x1124d9908>
```

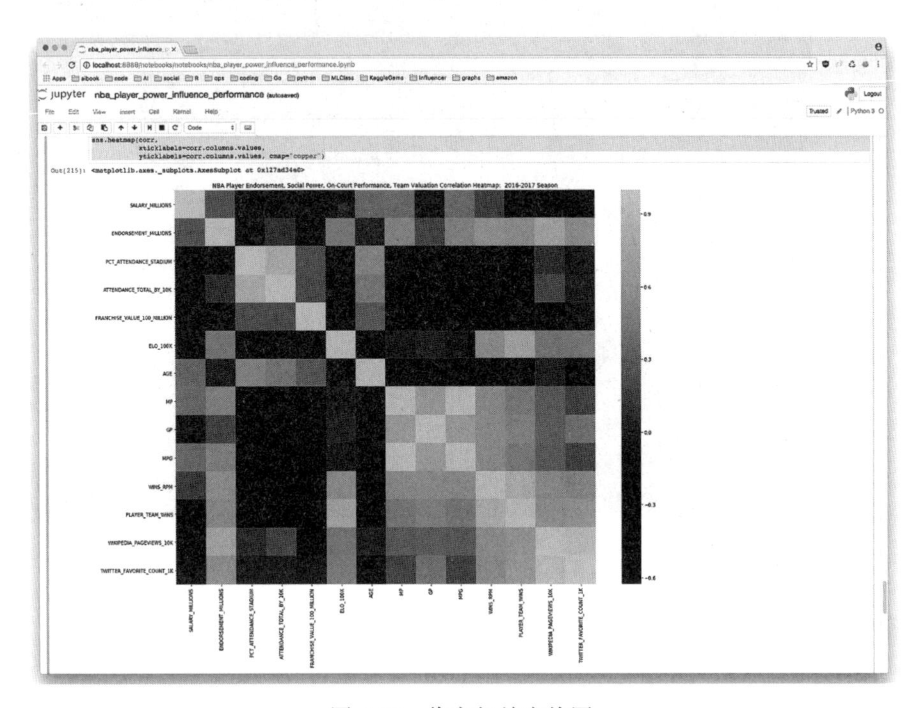


图 6.13　代言相关度热图

接下来，图 6.14 所示强调图是球员代言收入的整体展示，相关代码如下。

```
In [153]: from matplotlib.colors import LogNorm
     ...: plt.subplots(figsize=(20,15))
     ...: pd.set_option('display.float_format', lambda x: '%.3f' % x)
     ...: norm = LogNorm()
     ...: ax = plt.axes()
     ...: grid = endorsements.select_dtypes([np.number])
     ...: ax.set_title("NBA Player Endorsement,\
 Social Power, On-Court Performance,\
 Team Valuation Heatmap:  2016-2017 Season")
     ...: sns.heatmap(grid,annot=True,
 yticklabels=endorsements["PLAYER"],fmt='g',
```

```
 cmap="Accent", cbar=False, norm=norm)
     ...:
Out[153]: <matplotlib.axes._subplots.AxesSubplot at 0x114902cc0>
<matplotlib.figure.Figure at 0x114902048>
```

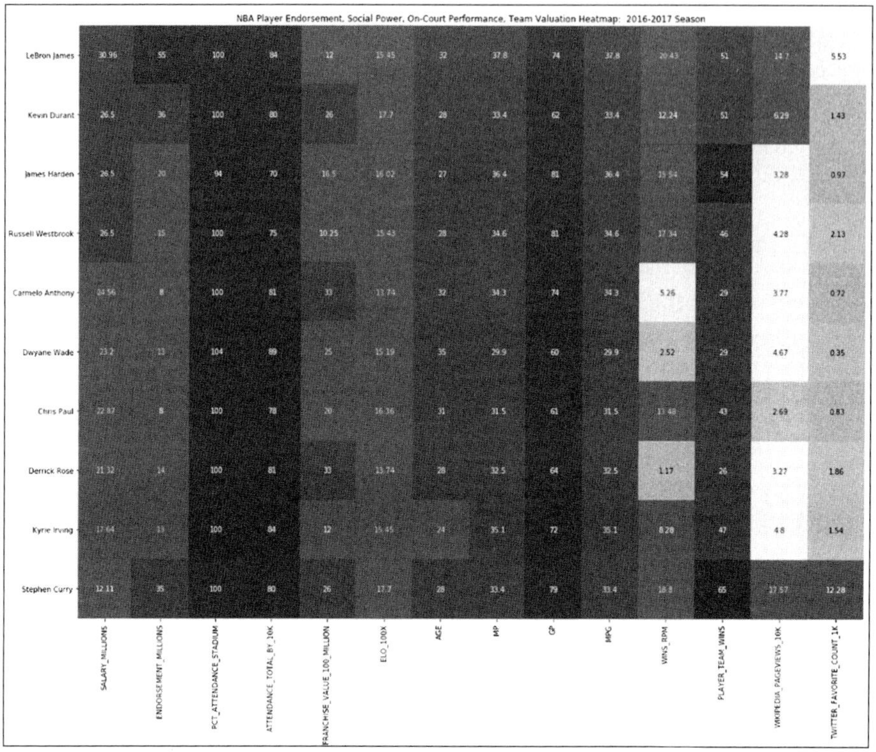

图 6.14 球员的代言收入强调图

注意，强调图的易读性得益于将颜色转换为对数正态分布（调用 LogNorm 函数），它允许单元格之间边界的相对变化。

## 6.4 更多的实际进阶与学习

编写本书的关键目的之一是展示如何创建能部署到生产中的完整工作解决方案。从 Notebook 中获得此解决方案的方法已在各章节中进行了讨论，包括将项目交付生产的技术，例如，创建 NBA 球队价值预测 API 或者展示 NBA 超级球星社会影响力的 API。因此，制作 Y combinator（YC）创业孵化器融资演讲稿文档可能仅需几行代码。

此外，Kaggle Notebook 还可分支复制代码，这可能是进一步探索的起点。关于本主题的视频和幻灯片可在 2018 年美国圣何塞举办的大数据会议日程表中找到（https://conferences.oreilly.com/strata/strata-ca/public/schedule/detail/63606）。

## 6.5　小结

本章着眼于实际机器学习问题，首先从问题着手；然后介绍从互联网收集数据的技术。许多小型数据集是从对数据收集可能友好或者不友好的网站剪切并粘贴得到的。大型数据源（如 Wikipedia 和 Twitter）则需要一种更以软件工程为中心的方法。

接下来，以统计方式使用无监督机器学习和数据可视化技术来研究数据。在相关章节中，使用云提供程序来创建一些解决方案，包括可扩展 API、无服务器应用程序和数据可视化框架。

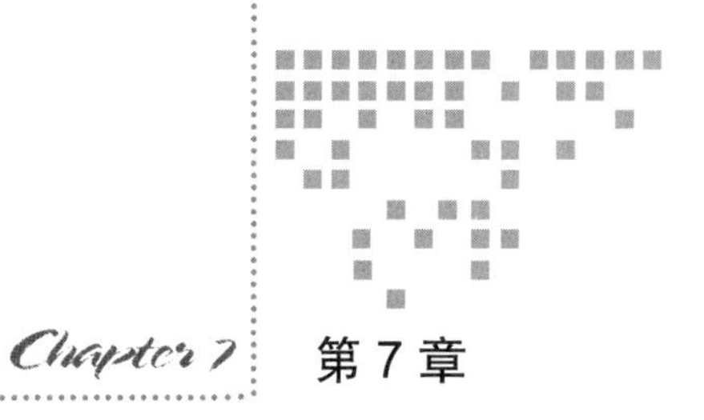

Chapter 7 第7章

# 使用AWS创建智能的Slack机器人

追求卓越，享受痛苦的人，会成为最终的赢家。

——罗杰·班尼斯特

一直以来，创造人工生命是人类的梦想，实现此目的的一种常见方法是创建机器人。机器人正日益成为人们日常生活的一部分，特别是随着Apple Siri和Amazon Alexa的崛起。本章将揭示创建机器人的奥秘。

## 7.1 创建机器人

创建机器人需要使用Python Slack库（https://github.com/slackapi/python-slackclient）。使用Slack执行任何操作之前，需要生成一个令牌。一般来说，处理令牌的一种好的方式是导出环境变量，通常在virtualenv内部执行这种导出环境变量的操作，这样，当环境变量被引用时，就能自动访问它。这是通过编辑activate脚本并在脚本中添加virtualenv来实现的。

要编辑带Slack变量的virtualenv，需要编辑下面的activate脚本。

```
in ~/.env/bin/activate.
```

如果想了解最新的env信息，可参考Python官方推荐的新的env管理工具（https://github.com/pypa/pipenv）。

```
_OLD_VIRTUAL_PATH="$PATH"
PATH="$VIRTUAL_ENV/bin:$PATH"
export PATH
SLACK_API_TOKEN=<Your Token Here>
export SLACK_API_TOKEN
```

一种好的检查环境变量是否已设置的方法是在OS X或Linux中使用printenv命令。接下来，要做发送消息测试，可执行下面的简短脚本。

```
import os
from slackclient import SlackClient

slack_token = os.environ["SLACK_API_TOKEN"]
sc = SlackClient(slack_token)

sc.api_call(
  "chat.postMessage",
  channel="#general",
  text="Hello from my bot! :tada:"
)
```

还应注意，pipenv是推荐的解决方案，它能将pip和virtualenv组合成组件。另外，pipenv已成为新标准，故其包管理也值得探索。

## 7.2　将库转换为命令行工具

一般而言，就像在本书中的其他示例一样，将代码转换成命令行实用程序是一个很好的思路，因为这样很容易迭代想法。值得指出的是，许多新开发者常反对使用命令行工具而采取其他解决方案，比如简单地使用Jupyter Notebook。要是唱反调的话，读者可能会问这样一个问题：为什么要在Jupyter Notebook项目中引入命令行工具？Jupyter Notebook的目的不是消除使用Shell和命令行吗？然而，将命令行工具添加到项目中的好处是，它令你能够使用其他输入快速迭代概念。Jupyter

Notebook 代码块不接收输入，因此从某种意义上说，它们是硬编码脚本。

GCP 和 AWS 在其平台上都有广泛的命令行工具，因为它们增加了 GUI 无法比拟的灵活性和功能。科幻作家 Neal Stephenson 撰写过一篇关于该主题的优秀文章 “In the Beginning...Was the Command Line”。Stephenson 在文章中指出，GUI 往往会给每个软件（即使是最小软件）带来很大的开销，并且这种开销完全改变了编程环境。他在文章结尾写道：“生活是一件非常艰苦而复杂的事情，任何界面不能改变这一点，相信别人的人就是傻瓜……” 相当强硬的表述，但从我的经验来看，这却是真的。使用命令行，生活会更好。如果你尝试过命令行，你将不会回头。

为此，我将使用如下的 click 框架，新界面让发送新消息变得简单明了。

```
./clibot.py send --message "from cli"
sending message from cli to #general
```

图 7.1 显示了默认值设置和来自 cli 实用程序的自定义消息。

```
#!/usr/bin/env python
import os
import click
from slackclient import SlackClient

SLACK_TOKEN = os.environ["SLACK_API_TOKEN"]

def send_message(channel="#general",
                 message="Hello from my bot!"):
    """Send a message to a channel"""

    slack_client = SlackClient(SLACK_TOKEN)
    res = slack_client.api_call(
      "chat.postMessage",
      channel=channel,
      text=message
    )
    return res

@click.group()
@click.version_option("0.1")
def cli():
    """
    Command line utility for slackbots
    """
```

```
@cli.command("send")
@click.option("--message", default="Hello from my bot!",
                help="text of message")
@click.option("--channel", default="#general",
                help="general channel")
def send(channel, message):
    click.echo(f"sending message {message} to {channel}")
    send_message(channel, message=message)

if __name__ == '__main__':
    cli()
```

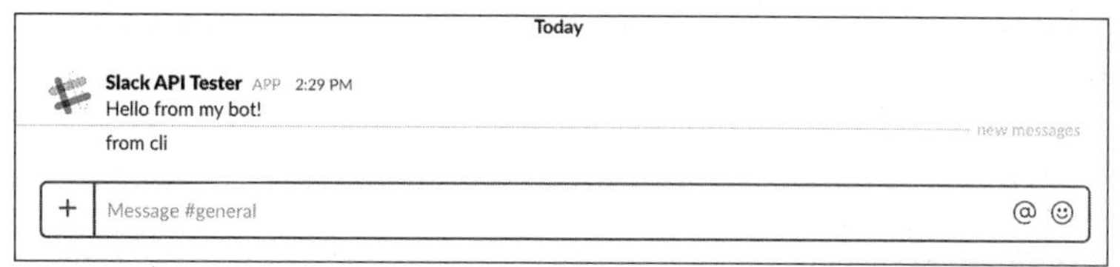


图 7.1　slackbot 命令行工具

## 7.3　使用 AWS 工作流服务将机器人提升到新水平

通过创建向 Slack 机器人发送消息的通信路径，你可以按计划运行代码并使其执行一些有用的操作将 Slack 机器人提升到新水平。AWS 工作流服务是实现该目标的强大方法。在下一节中，Slackbot 将执行如下操作：抓取 NBA 球员的雅虎体育页面，获取他们的出生地，然后将信息发送给 Slack。

图 7.2 显示了已完成的工作流服务。第一步是获取 NBA 球员资料的 URL，第二步是使用 Beautiful Soup 库查找每个球员的出生地。当该工作流服务完成后，将结果发送到 Slack。

AWS Lambda 和 Chalice 可用于协调工作流的各个工作部分。Lambda 允许用户在 AWS 中运行函数，而 Chalice 是用于在 Python 中构建无服务器应用程序的框架。学习此部分的前提如下。

- 用户必须拥有 AWS 账户。
- 用户需要 API 证书。

- Lambda 角色（由 Chalice 创建）必须具有与调用相应的 AWS 服务（如 S3）所需权限关联的策略。

## 7.4 获取 IAM 证书设置

关于在 Windows 和 Linux 中导出 AWS 变量的详细信息，可访问 https://docs.aws.amazon.com/amazonswf/latest/awsrbflowguide/set-up-creds.html。安装证书有多种方法，但是对 virtualenv 用户而言，一种技巧是将 AWS 证书放入本地 virtualenv 的 /bin/activate 中。

```
#Add AWS Keys
AWS_DEFAULT_REGION=us-east-1
AWS_ACCESS_KEY_ID=xxxxxxxx
AWS_SESSION_TOKEN=xxxxxxxx

#export Keys
export AWS_DEFAULT_REGION
export AWS_ACCESS_KEY_ID
export AWS_DEFAULT_REGION
```

### 使用 Chalice

Chalice 有一个命令行工具，其中包含许多子命令，如下所示。

```
Usage: chalice [OPTIONS] COMMAND [ARGS]...
Options:
  --version              Show the version and exit.
  --project-dir TEXT     The project directory.  Defaults to CWD
  --debug / --no-debug   Print debug logs to stderr.
  --help                 Show this message and exit.

Commands:
  delete
  deploy
  gen-policy
  generate-pipeline  Generate a cloudformation template for a...
  generate-sdk
  local
  logs
  new-project
  package
  url
```

app.py 框架文件中的代码将被几个 Lambda 函数替换。AWS Chalice 的一个优点是，它不仅创建 Web 服务，还允许创建独立运行的 Lambda 函数。Chalice 的功能是允许创建多个 Lambda 函数，这些函数可与工作流关联，并像乐高积木一样连接在一起。

例如，要创建执行某些操作的定时 Lambda 是很简单的。

```
@app.schedule(Rate(1, unit=Rate.MINUTES))
def every_minute(event):
    """Scheduled event that runs every minute"""

    #send message to slackbot here
```

要连接网络抓取机器人，需创建几个函数。在文件的顶部，创建一些导入和变量。

```
import logging
import csv
from io import StringIO

import boto3
from bs4 import BeautifulSoup
import requests
from chalice import (Chalice, Rate)

APP_NAME = 'scrape-yahoo'
app = Chalice(app_name=APP_NAME)
app.log.setLevel(logging.DEBUG)
```

对于机器人来说，在 S3 中存储一些数据可能会很有用。下面的函数使用 Boto 将结果存储到 CSV 文件中。

```
def create_s3_file(data, name="birthplaces.csv"):

    csv_buffer = StringIO()
    app.log.info(f"Creating file with {data} for name")
    writer = csv.writer(csv_buffer)
    for key, value in data.items():
        writer.writerow([key,value])
    s3 = boto3.resource('s3')
    res = s3.Bucket('aiwebscraping').\
        put_object(Key=name, Body=csv_buffer.getvalue())
    return res
```

Fetch 页面函数使用 BeautifulSoup 库（https://www.crummy.com/software/BeautifulSoup）解析 NBA 统计 URL 并返回一个 Soup 对象。

```
def fetch_page(url="https://sports.yahoo.com/nba/stats/"):
    """Fetchs Yahoo URL"""

    #Download the page and convert it into a beautiful soup object
    app.log.info(f"Fetching urls from {url}")
    res = requests.get(url)
    soup = BeautifulSoup(res.content, 'html.parser')
    return soup
```

get_player_links 函数和 fetch_player_urls 函数爬取球员资料的 URL 链接。

```
def get_player_links(soup):
    """Gets links from player urls

   Finds urls in page via the 'a' tag and
filter for nba/players in urls
    """

    nba_player_urls = []
    for link in soup.find_all('a'):
        link_url = link.get('href')
        #Discard "None"
        if link_url:
            if "nba/players" in link_url:
                print(link_url)
                nba_player_urls.append(link_url)
    return nba_player_urls


def fetch_player_urls():
    """Returns player urls"""

    soup = fetch_page()
    urls = get_player_links(soup)
    return urls
```

接下来，用 find_birthplaces 函数从 URL 中提取球员出生地。

```
def find_birthplaces(urls):
    """Get the Birthplaces From Yahoo Profile NBA Pages"""

    birthplaces = {}
    for url in urls:
```

```
        profile = requests.get(url)
        profile_url = BeautifulSoup(profile.content, 'html.parser')
        lines = profile_url.text
        res2 = lines.split(",")
        key_line = []
        for line in res2:
            if "Birth" in line:
                #print(line)
                key_line.append(line)
        try:
            birth_place = key_line[0].split(":")[-1].strip()
            app.log.info(f"birth_place: {birth_place}")
        except IndexError:
            app.log.info(f"skipping {url}")
            continue
        birthplaces[url] = birth_place
        app.log.info(birth_place)
    return birthplaces
```

下一节将介绍 chalice 函数。注意，chalice 函数要求创建默认路由。

```
#These can be called via HTTP Requests
@app.route('/')
def index():
    """Root URL"""

    app.log.info(f"/ Route: for {APP_NAME}")
    return {'app_name': APP_NAME}
```

接着的 Lambda 是将 HTTP URL 与前面编写的函数连接起来的路由。

```
@app.route('/player_urls')
def player_urls():
    """Fetches player urls"""

    app.log.info(f"/player_urls Route: for {APP_NAME}")
    urls = fetch_player_urls()
    return {"nba_player_urls": urls}
```

下面的 Lambdas 是独立运行的 Lambdas，可在工作流中调用。

```
#This a standalone lambda
@app.lambda_function()
def return_player_urls(event, context):
    """Standalone lambda that returns player urls"""
```

```
    app.log.info(f"standalone lambda 'return_players_urls'\
 {APP_NAME} with {event} and {context}")
    urls = fetch_player_urls()
    return {"urls": urls}

#This a standalone lambda
@app.lambda_function()
def birthplace_from_urls(event, context):
    """Finds birthplaces"""

    app.log.info(f"standalone lambda 'birthplace_from_urls'\
 {APP_NAME} with {event} and {context}")
    payload = event["urls"]
    birthplaces = find_birthplaces(payload)
    return birthplaces

#This a standalone lambda
@app.lambda_function()
def create_s3_file_from_json(event, context):
    """Create an S3 file from json data"""

    app.log.info(f"Creating s3 file with event data {event}\
 and context {context}")
    print(type(event))
    res = create_s3_file(data=event)
    app.log.info(f"response of putting file: {res}")
    return True
```

本地运行 chalice 应用程序，显示如下输出。

```
➜  scrape-yahoo git:(master) ✗ chalice local
Serving on 127.0.0.1:8000
scrape-yahoo - INFO - / Route: for scrape-yahoo
127.0.0.1 - - [12/Dec/2017 03:25:42] "GET / HTTP/1.1" 200 -
127.0.0.1 - - [12/Dec/2017 03:25:42] "GET /favicon.ico"
scrape-yahoo - INFO - / Route: for scrape-yahoo
127.0.0.1 - - [12/Dec/2017 03:25:45] "GET / HTTP/1.1" 200 -
127.0.0.1 - - [12/Dec/2017 03:25:45] "GET /favicon.ico"
scrape-yahoo - INFO - /player_urls Route: for scrape-yahoo
scrape-yahoo - INFO - https://sports.yahoo.com/nba/stats/
https://sports.yahoo.com/nba/players/4563/
https://sports.yahoo.com/nba/players/5185/
https://sports.yahoo.com/nba/players/3704/
https://sports.yahoo.com/nba/players/5012/
https://sports.yahoo.com/nba/players/4612/
https://sports.yahoo.com/nba/players/5015/
https://sports.yahoo.com/nba/players/4497/
```

```
https://sports.yahoo.com/nba/players/4720/
https://sports.yahoo.com/nba/players/3818/
https://sports.yahoo.com/nba/players/5432/
https://sports.yahoo.com/nba/players/5471/
https://sports.yahoo.com/nba/players/4244/
https://sports.yahoo.com/nba/players/5464/
https://sports.yahoo.com/nba/players/5294/
https://sports.yahoo.com/nba/players/5336/
https://sports.yahoo.com/nba/players/4390/
https://sports.yahoo.com/nba/players/4563/
https://sports.yahoo.com/nba/players/3704/
https://sports.yahoo.com/nba/players/5600/
https://sports.yahoo.com/nba/players/4624/
127.0.0.1 - - [12/Dec/2017 03:25:53] "GET /player_urls"
127.0.0.1 - - [12/Dec/2017 03:25:53] "GET /favicon.ico"
```

部署应用程序，需运行 chalice deploy。

```
➜  scrape-yahoo git:(master) ✗ chalice deploy
Creating role: scrape-yahoo-dev
Creating deployment package.
Creating lambda function: scrape-yahoo-dev
Initiating first time deployment.
Deploying to API Gateway stage: api
https://bt98uzs1cc.execute-api.us-east-1.amazonaws.com/api/
```

使用 HTTP CLI（https://github.com/jakubroztocil/httpie），现从 AWS 调用 HTTP 路由以检索 /api/player_urls 上可用的链接。

```
➜  scrape-yahoo git:(master) ✗ http \
https://<a lambda route>.amazonaws.com/api/player_urls
HTTP/1.1 200 OK
Connection: keep-alive
Content-Length: 941
Content-Type: application/json
Date: Tue, 12 Dec 2017 11:48:41 GMT
Via: 1.1 ba90f9bd20de9ac04075a8309c165ab1.cloudfront.net (CloudFront)
X-Amz-Cf-Id: ViZswjo4UeHYwrc9e-5vMVTDhV_Ic0dhVIG0BrDdtYqd5KWcAuZKKQ==
X-Amzn-Trace-Id: sampled=0;root=1-5a2fc217-07cc12d50a4d38a59a688f5c
X-Cache: Miss from cloudfront
x-amzn-RequestId: 64f24fcd-df32-11e7-a81a-2b511652b4f6

{
    "nba_player_urls": [
        "https://sports.yahoo.com/nba/players/4563/",
        "https://sports.yahoo.com/nba/players/5185/",
        "https://sports.yahoo.com/nba/players/3704/",
```

```
            "https://sports.yahoo.com/nba/players/5012/",
            "https://sports.yahoo.com/nba/players/4612/",
            "https://sports.yahoo.com/nba/players/5015/",
            "https://sports.yahoo.com/nba/players/4497/",
            "https://sports.yahoo.com/nba/players/4720/",
            "https://sports.yahoo.com/nba/players/3818/",
            "https://sports.yahoo.com/nba/players/5432/",
            "https://sports.yahoo.com/nba/players/5471/",
            "https://sports.yahoo.com/nba/players/4244/",
            "https://sports.yahoo.com/nba/players/5464/",
            "https://sports.yahoo.com/nba/players/5294/",
            "https://sports.yahoo.com/nba/players/5336/",
            "https://sports.yahoo.com/nba/players/4390/",
            "https://sports.yahoo.com/nba/players/4563/",
            "https://sports.yahoo.com/nba/players/3704/",
            "https://sports.yahoo.com/nba/players/5600/",
            "https://sports.yahoo.com/nba/players/4624/"
        ]
    }
```

另一种与 Lambda 函数交互的便捷方式是通过 click 命令行工具和 Python Boto 库直接调用它。现在创建一个新的命令行工具 wscli.py（web-scraping command-line interface 的缩写）。代码的第一部分设置日志并导入库。

```
#!/usr/bin/env python

import logging
import json

import boto3
import click
from pythonjsonlogger import jsonlogger

#intialize logging
log = logging.getLogger(__name__)
log.setLevel(logging.INFO)
LOGHANDLER = logging.StreamHandler()
FORMMATTER = jsonlogger.JsonFormatter()
LOGHANDLER.setFormatter(FORMMATTER)
log.addHandler(LOGHANDLER)
```

接着，下面三个函数通过 invoke_lambda 连接到 Lambda 函数。

```
### Lambda Boto API Calls
def lambda_connection(region_name="us-east-1"):
    """Create Lambda Connection"""
```

```
    lambda_conn = boto3.client("lambda", region_name=region_name)
    extra_msg = {"region_name": region_name, "aws_service": "lambda"}
    log.info("instantiate lambda client", extra=extra_msg)
    return lambda_conn

def parse_lambda_result(response):
    """Gets the results from a boto json response"""

    body = response['Payload']
    json_result = body.read()
    lambda_return_value = json.loads(json_result)
    return lambda_return_value

def invoke_lambda(func_name, lambda_conn, payload=None,
                  invocation_type="RequestResponse"):
    """Calls a lambda function"""


    extra_msg = {"function_name": func_name, "aws_service": "lambda",
            "payload":payload}
    log.info("Calling lambda function", extra=extra_msg)
    if not payload:
        payload = json.dumps({"payload":"None"})

    response = lambda_conn.invoke(FunctionName=func_name,
                    InvocationType=invocation_type,
                    Payload=payload
    )
    log.info(response, extra=extra_msg)
    lambda_return_value = parse_lambda_result(response)
    return lambda_return_value
```

然后，通过 click 命令行工具框架封装该 Lambda 调用函数。注意，--func 选项默认使用前面部署的 Lambda 函数。

```
@click.group()
@click.version_option("1.0")
def cli():
    """Commandline Utility to Assist in Web Scraping"""

@cli.command("lambda")
@click.option("--func",
        default="scrape-yahoo-dev-return_player_urls",
        help="name of execution")
@click.option("--payload", default='{"cli":"invoke"}',
        help="name of payload")
def call_lambda(func, payload):
    """invokes lambda function
```

```
    ./wscli.py lambda
    """
    click.echo(click.style("Lambda Function invoked from cli:",
         bg='blue', fg='white'))
    conn = lambda_connection()
    lambda_return_value = invoke_lambda(func_name=func,
        lambda_conn=conn,
        payload=payload)
    formatted_json = json.dumps(lambda_return_value,
          sort_keys=True, indent=4)
    click.echo(click.style(
        "Lambda Return Value Below:", bg='blue', fg='white'))
    click.echo(click.style(formatted_json,fg="red"))
if __name__ == "__main__":
    cli()
```

命令行工具的输出显示了与调用 HTTP 接口相同的净输出。

```
➜  ✗ ./wscli.py lambda \
--func=scrape-yahoo-dev-birthplace_from_urls\
--payload '{"url":["https://sports.yahoo.com/nba/players/4624/",\
"https://sports.yahoo.com/nba/players/5185/"]}'
Lambda Function invoked from cli:
{"message": "instantiate lambda client",
"region_name": "us-east-1", "aws_service": "lambda"}
{"message": "Calling lambda function",
"function_name": "scrape-yahoo-dev-birthplace_from_urls",
 "aws_service": "lambda", "payload":
"{\"url\":[\"https://sports.yahoo.com/nba/players/4624/\",
 \"https://sports.yahoo.com/nba/players/5185/\"]}"}
{"message": null, "ResponseMetadata":
{"RequestId": "a6049115-df59-11e7-935d-bb1de9c0649d",
"HTTPStatusCode": 200, "HTTPHeaders":
{"date": "Tue, 12 Dec 2017 16:29:43 GMT", "content-type":
 "application/json", "content-length": "118", "connection":
"keep-alive", "x-amzn-requestid":
"a6049115-df59-11e7-935d-bb1de9c0649d",
"x-amzn-remapped-content-length": "0", "x-amz-executed-version":
 "$LATEST", "x-amzn-trace-id":
"root=1-5a3003f2-2583679b2456022568ed0682;sampled=0"},
"RetryAttempts": 0}, "StatusCode": 200,
"ExecutedVersion": "$LATEST", "Payload":
"<botocore.response.StreamingBody object at 0x10ee37dd8>",
"function_name": "scrape-yahoo-dev-birthplace_from_urls",
 "aws_service": "lambda", "payload":
"{\"url\":[\"https://sports.yahoo.com/nba/players/4624/\",
\"https://sports.yahoo.com/nba/players/5185/\"]}"}
```

```
Lambda Return Value Below:
{
    "https://sports.yahoo.com/nba/players/4624/": "Indianapolis",
    "https://sports.yahoo.com/nba/players/5185/": "Athens"
}
```

## 7.5 建立工作流

连接工作流的最后一步是使用 Web UI 以 JavaScript 对象表示法（JSON）创建状态机结构。下面代码展示了该管道如何从最初的 Lambda 函数开始，即抓取雅虎网页，然后将数据存储在 S3 中，最后将有效负载发送到 Slack。

```
{
    "Comment": "Fetch Player Urls",
    "StartAt": "FetchUrls",
    "States": {
      "FetchUrls": {
        "Type": "Task",
        "Resource": \
"arn:aws:lambda:us-east-1:561744971673:\
function:scrape-yahoo-dev-return_player_urls",
        "Next": "FetchBirthplaces"
      },
      "FetchBirthplaces": {
        "Type": "Task",
        "Resource": \
"arn:aws:lambda:us-east-1:561744971673:\
function:scrape-yahoo-dev-birthplace_from_urls",
        "Next": "WriteToS3"
      },
       "WriteToS3": {
        "Type": "Task",
        "Resource": "arn:aws:lambda:us-east-1:\
561744971673:function:scrape-yahoo-dev-create_s3_file_from_json",
        "Next": "SendToSlack"
      },
       "SendToSlack": {
        "Type": "Task",
        "Resource": "arn:aws:lambda:us-east-1:561744971673:\
function:send_message",
        "Next": "Finish"
      },

        "Finish": {
        "Type": "Pass",
        "Result": "Finished",
```

```
            "End": true
          }
        }
    }
```

图 7.2 显示了执行管道的初始部分。其中，一个非常有用的特性是能在状态机中查看中间输出。此外，实时监视状态机的各个部分对调试非常有用。

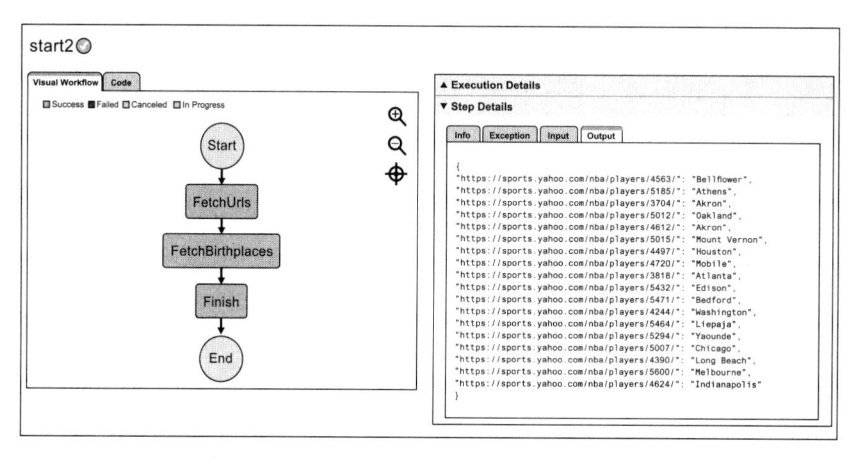


图 7.2 Slackbot 命令行工具初始管道的表示

图 7.3 显示了完整的管道，添加了向 S3 写入和向 Slack 发送有效负载的步骤。最后一步是决定如何运行抓取器：间隔运行或者是响应某个事件。

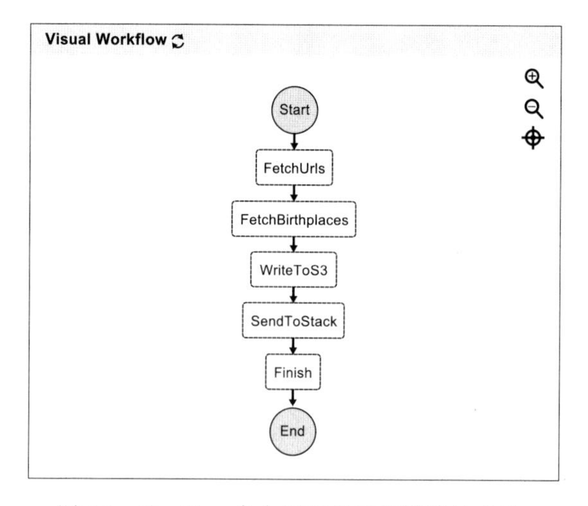


图 7.3 Slackbot 命令行工具最终管道的表示

## 7.6 小结

本章介绍了许多用于构建AI应用程序的重要概念。创建Slack机器人及创建Web抓取器，然后将它们与来自AWS的无服务器服务黏合在一起。本章介绍的基本框架中还可添加更多的内容，如自然语言处理Lambda（可读取网页并对其进行汇总）或者根据任意特征对新的NBA球员进行聚类的无监督聚类算法。

Chapter 8 第8章

# 从 GitHub 组织中寻找项目管理的思考

柔术很完美，犯错的是人。

——里克斯·格里希

本章介绍两个有趣的问题：一是如何使用数据科学来研究有关软件工程的项目管理，二是如何将数据科学工具发布到 Python 包索引中。数据科学作为一门学科正在蓬勃发展，并且有许多介绍算法的文章，但是涉及如何收集数据、创建项目结构以及将软件发布到 Python 包索引方面的文章很少。本章旨在通过实践指导来解决这两个有趣的问题，其源代码可在 GitHub（https://github.com/noahgift/devml）上查找。

## 8.1 软件项目管理问题综述

尽管软件行业经历了几十年的发展，但它仍然不断受到延迟交付和低质量的困扰。更多的问题在于如何评估团队和单个开发人员的绩效。通常，软件行业处于针对工作关系的新技术变革的前沿。当前软件行业的趋势是使用自由职业者或合同开发团队来辅助或接替软件开发的某些工作。这就引出了一个显而易见的问题：公司如何评估这些人才？

此外，积极性高的专业软件开发人员希望能寻求一种更好的方式。从最好的软件开发人员那里到底能效仿到哪些模式？幸运的是，开发人员确实创建了行为日志，这些日志可创建用于帮助回答这些问题的标志。每当开发人员提交存储库，他都会创建一个标志。

只要花几分钟讨论分析源代码的元数据，聪明的开发人员就会说："哦，这没有任何意义，我能玩转该系统。"这种考虑是合理的，你也可以轻松地查看开发人员的 GitHub 配置文件并会看到一些夸大其词的东西，比如一年提交 3000 次代码，这相当于每天提交大约 10 次。更进一步地看，这些提交可能是某人创建的自动脚本，以使他看上去很忙，或者可能是"假"提交，即仅仅是在 README 自述文件中添加了一行。

与此论点相反的，就像对于数学考试，可说："哦，你可以作弊，这很容易。"衡量学生或员工的绩效绝对可以作弊，但这并不意味着每个人都应自动得到微积分为 A 的成绩，也不意味着考试和小测验应该被取消。相反，像真正的数据科学家一样思考会使问题变得更为有趣。为了准确地衡量团队和开发人员的绩效，需要考虑消除虚假数据和噪声的方法。

### 值得考虑的探究性问题

下面是一些值得考虑的初始问题：

- 优秀的软件开发人员有哪些特点？
- 经验不足的软件开发人员有什么特点？
- 优秀的软件开发团队有哪些特点？
- 是否有可以预测软件故障的标志？
- 能否给软件项目经理一个标志，让他立即采取正确的行动来扭转一个有问题的软件项目？

- 开源项目和闭源项目有什么区别？
- 是否有可以预测开发人员正在“玩转”系统的标志？
- 在所有软件语言中有哪些标志能够预测优秀的开发人员？
- 使用特定语言的项目中有哪些标志？
- 既然资源遍布在世界各地，如何衡量最优秀的开发人员所从事的工作？这一点很容易“隐藏”。
- 如何在公司和 GitHub 中找到合适的最优秀的开发人员？
- 是否存在“古怪的人”（即不可靠的人）吗？ 确定此情况的一种方法是观察被分配任务的开发人员在周一到周五提交代码的概率。已发现的一些研究表明，较差的开发人员往往在提交方面有很长的空档或经常出现空档或者两者兼具。最优秀的开发人员（比如拥有 10~20 年经验的开发人员）通常会在周一到周五的大约 80% 到 90% 的时间内提交代码（即使他们在指导或帮助他人）。
- 新项目经理、经理或首席执行官是否会无休止地召开会议进而破坏开发人员的工作效率？
- 是否存在“糟糕”的开发人员（此类人员善于编写丰富的不可靠代码）？

## 8.2 开始创建数据科学项目框架

开发新数据科学解决方案时经常忽视的部分是项目的初始结构。在开始工作之前，最佳做法是创建布局以促进高质量工作和合理的组织。布局项目结构会有多种方式，这里只给出一种建议方式。从列表 8.1 中可看到 ls 命令的准确输出，各输出项的用途说明如下。

- .circleci directory：这包含使用 CircleCI SaaS 生成服务构建项目所需的配置。有许多类似的与开源软件一起使用的服务，也可使用像 Jenkins 这样的开源工具。
- .gitignore：忽略不属于项目的文件极其重要，不考虑这一点是常见的失误。
- CODE_OF_CONDUCT.md：最好在项目中加入期望贡献者如何表现的信息。

- CONTRIBUTING.MD：参与代码贡献的明确说明非常有助于招聘并避免拒绝潜在的有价值的贡献者。
- LICENSE：拥有 MIT 或 BSD 等许可证会很有用。在某些情况下，如果没有许可证，公司可能无法贡献代码。
- Makefile：Makefile 是构建已存在数十年的项目的通用标准。它是运行测试、部署和设置环境的重要工具。
- README.md：好的 README.md 应该回答用户如何构建项目以及项目的作用等基本问题。此外，包含显示项目质量的“徽章”通常会很有帮助，例如 passing build 徽章，即 `[![CircleCI](https://circleci.com/gh/noahgift/devml.svg?style=svg)]`（参见 https://circleci.com/gh/noahgift/devml）。
- Command-line tool：本示例有一个 dml 命令行工具。它拥有 cli 接口，这对于探索库和创建测试接口都非常有帮助。
- Library directory with a __init__.py：在项目的根目录中，应使用 __init__.py 创建库目录以指示它是可导入的。在本示例中，该库名为 devml。
- ext directory：这是存放 config.json 或 config.yml 之类文件的好地方。最好将非代码放在能集中引用的地方。对于数据子目录可能需要创建一些要探索的本地截断样本。
- notebooks directory：用来保存 Jupyter Notebook 的特定文件夹，可用于轻松地集中开发与笔记本相关的代码。此外，它还令笔记本电脑的自动化测试设置更容易。
- requirements.txt：此文件包含项目所需的软件包列表。
- setup.py：此配置文件设置 Python 软件包的部署方式，它也可用于到 Python 软件包索引的部署。
- tests directory：这是能放置测试的目录。

**列表 8.1　项目结构**

```
(.devml) ➜  devml git:(master) ✗  ls -la
drwxr-xr-x   3 noahgift  staff     96 Oct 14 15:22 .circleci
-rw-r--r--   1 noahgift  staff   1241 Oct 21 13:38 .gitignore
-rw-r--r--   1 noahgift  staff   3216 Oct 15 11:44 CODE_OF_CONDUCT.md
-rw-r--r--   1 noahgift  staff    357 Oct 15 11:44 CONTRIBUTING.md
```

```
-rw-r--r--   1 noahgift  staff   1066 Oct 14 14:10 LICENSE
-rw-r--r--   1 noahgift  staff    464 Oct 21 14:17 Makefile
-rw-r--r--   1 noahgift  staff  13015 Oct 21 19:59 README.md
-rwxr-xr-x   1 noahgift  staff   9326 Oct 21 11:53 dml
drwxr-xr-x   4 noahgift  staff    128 Oct 20 15:20 ext
drwxr-xr-x   7 noahgift  staff    224 Oct 22 11:25 notebooks
-rw-r--r--   1 noahgift  staff    117 Oct 18 19:16 requirements.txt
-rw-r--r--   1 noahgift  staff   1197 Oct 21 14:07 setup.py
drwxr-xr-x  12 noahgift  staff    384 Oct 18 10:46 tests
```

## 8.3 收集和转换数据

通常，问题最糟糕的部分是弄清楚如何收集数据并将其转换为有用的数据。该问题有几个部分需要解决。首先是如何收集单个存储库并从中创建 Pandas 数据帧。为此，在 devml 目录中创建一个名为 mkdata.py 的新模块，以解决将 Git 存储库的元数据转换为 Pandas 数据帧的问题。

从 https://github.com/ noahgift/ devml/blob/master/devml/mkdata.py 可找到模块的选定部分。log_to_dict 函数用于获取磁盘上的一个 Git checkout 命令路径，然后转换 Git 命令输出。

```
def log_to_dict(path):
    """Converts Git Log To A Python Dict"""

    os.chdir(path) #change directory to process git log
    repo_name = generate_repo_name()
    p = Popen(GIT_LOG_CMD, shell=True, stdout=PIPE)
    (git_log, _) = p.communicate()
    try:
        git_log = git_log.decode('utf8').\
        strip('\n\x1e').split("\x1e")
except UnicodeDecodeError:
    log.exception("utf8 encoding is incorrect,
     trying ISO-8859-1")
    git_log = git_log.decode('ISO-8859-1').\
    strip('\n\x1e').split("\x1e")

git_log = [row.strip().split("\x1f") for row in git_log]
git_log = [dict(list(zip(GIT_COMMIT_FIELDS, row)))\
     for row in git_log]
for dictionary in git_log:
```

```
        dictionary["repo"]=repo_name
    repo_msg = "Found %s Messages For Repo: %s" %\
         (len(git_log), repo_name)
    log.info(repo_msg)
    return git_log
```

在接下来的两个函数中，磁盘上的路径用于调用上面的函数。注意，日志作为项目存储在列表中，然后在 Pandas 中创建数据帧。

```
def create_org_df(path):
    """Returns a Pandas Dataframe of an Org"""

    original_cwd = os.getcwd()
    logs = create_org_logs(path)
    org_df = pd.DataFrame.from_dict(logs)
    #convert date to datetime format
    datetime_converted_df = convert_datetime(org_df)
    #Add A Date Index
    converted_df = date_index(datetime_converted_df)
    new_cwd = os.getcwd()
    cd_msg = "Changing back to original cwd: %s from %s" %\
         (original_cwd, new_cwd)
    log.info(cd_msg)
    os.chdir(original_cwd)
    return converted_df

def create_org_logs(path):
    """Iterate through all paths in current working directory,
    make log dict"""

    combined_log = []
    for sdir in subdirs(path):
        repo_msg = "Processing Repo: %s" % sdir
        log.info(repo_msg)
        combined_log += log_to_dict(sdir)
    log_entry_msg = "Found a total log entries: %s" %\
        len(combined_log)
    log.info(log_entry_msg)
    return combined_log
```

当不生成数据帧时，实际执行的代码如下。

```
In [5]: res = create_org_logs("/Users/noahgift/src/flask")
2017-10-22 17:36:02,380 - devml.mkdata - INFO - Found repo:\
 /Users/noahgift/src/flask/flask
In [11]: res[0]
Out[11]:
{'author_email': 'rgerganov@gmail.com',
 'author_name': 'Radoslav Gerganov',
```

```
 'date': 'Fri Oct 13 04:53:50 2017',
 'id': '9291ead32e2fc8b13cef825186c968944e9ff344',
 'message': 'Fix typo in logging.rst (#2492)',
 'repo': b'flask'}
```

生成数据帧的第二部分代码如下。

```
res = create_org_df("/Users/noahgift/src/flask")
In [14]: res.describe()
Out[14]:
       commits
count   9552.0
mean       1.0
std        0.0
min        1.0
25%        1.0
50%        1.0
75%        1.0
max        1.0
```

从高层次上看，这是一种从第三方（如 Git 日志）获取临时数据的模式。要对此进行更详细的研究，最好查看完整的源代码。

## 8.4 与 GitHub 组织交流

有了将磁盘上的 Git 存储库转换为数据帧的代码后，下一步自然就是收集多个存储库，即组织的所有存储库。仅分析一个存储库的一个关键问题是，在公司环境中分析数据是不完整的。解决该问题的一种方法是与 GitHub API 通信，并以编程方式下拉存储库。完整源代码可以在 https://github.com/noahgift/devml/blob/master/devml/fetch_repo.py 上找到，关键代码如下。

```
def clone_org_repos(oath_token, org, dest, branch="master"):
    """Clone All Organizations Repositories and Return Instances of Repos.
    """

    if not validate_checkout_root(dest):
        return False

    repo_instances = []
    repos = org_repo_names(oath_token, org)
```

```
    count = 0
    for name, url in list(repos.items()):
        count += 1
        log_msg = "Cloning Repo # %s REPO NAME: %s , URL: %s " %\
                        (count, name, url)
        log.info(log_msg)
        try:
            repo = clone_remote_repo(name, url, dest, branch=branch)
            repo_instances.append(repo)
        except GitCommandError:
            log.exception("NO MASTER BRANCH...SKIPPING")
    return repo_instances
```

PyGithub 和 gitpython 软件包都用于完成很多繁重的工作。运行此代码时，会重复地从 API 中找出每个存储库并对其进行克隆。然后，可使用先前的代码创建组合的数据帧。

## 8.5　创建特定领域的统计信息

所有的工作都有一个目的：探索收集的数据并创建特定领域的统计数据。为此，创建一个 stats.py 文件，可在 https://github.com/noahgift/devml/blob/master/devml/stats.py 上查看其全部内容。

最相关部分是名为 author_unique_active_days 的函数。此函数统计出开发人员针对数据帧中的记录活跃的天数。它是唯一的、特定领域的统计信息，在有关源代码存储库的统计信息讨论中很少提及。主要函数如下。

```
def author_unique_active_days(df, sort_by="active_days"):
    """DataFrame of Unique Active Days
        by Author With Descending Order

    author_name  unique_days
    46  Armin Ronacher   271
    260  Markus Unterwaditzer     145
    """

    author_list = []
    count_list = []
    duration_active_list = []
    ad = author_active_days(df)
```

```
    for author in ad.index:
        author_list.append(author)
        vals = ad.loc[author]
        vals.dropna(inplace=True)
        vals.drop_duplicates(inplace=True)
        vals.sort_values(axis=0,inplace=True)
        vals.reset_index(drop=True, inplace=True)
        count_list.append(vals.count())
        duration_active_list.append(vals[len(vals)-1]-vals[0])
    df_author_ud = DataFrame()
    df_author_ud["author_name"] = author_list
    df_author_ud["active_days"] = count_list
    df_author_ud["active_duration"] = duration_active_list
    df_author_ud["active_ratio"] = \
        round(df_author_ud["active_days"]/\
        df_author_ud["active_duration"].dt.days, 2)
    df_author_ud = df_author_ud.iloc[1:] #first row is =
    df_author_ud = df_author_ud.sort_values(\
        by=sort_by, ascending=False)
    return df_author_ud
```

在 IPython 中使用它时，将产生如下输出。

```
In [18]: from devml.stats import author_unique_active_days

In [19]: active_days = author_unique_active_days(df)

In [20]: active_days.head()
Out[20]:
              author_name  active_days active_duration  active_ratio
46         Armin Ronacher          241       2490 days          0.10
260  Markus Unterwaditzer           71       1672 days          0.04
119            David Lord           58        710 days          0.08
352            Ron DuPlain          47        785 days          0.06
107      Daniel Neuhäuser          19        435 days          0.04
```

统计信息创建一个称为活跃比的比率，即开发者从开始工作到最后一次主动提交代码的项目工作时间百分比。像这样的度量标准的一个有趣点在于它能说明参与度，并且与最好的开源开发者有一些吸引人的相似之处。在下一节，这些核心组件将被连接到命令行工具中，并将使用所创建的代码比较两个不同的开源项目。

## 8.6　将数据科学项目连接到 CLI 客户端

在本章开始部分，创建组件的目的是进行分析。在本节中，这些组件将连接到使用 click 框架的灵活命令行工具中。dml 命令行工具的完整源码可在 https://github.com/noahgift/ devml/blob/master/dml 上找到，其关键部分如下。

首先，将库与 click 框架一起导入。

```
#!/usr/bin/env python
import os
import click

from devml import state
from devml import fetch_repo
from devml import __version__
from devml import mkdata
from devml import stats
from devml import org_stats
from devml import post_processing
```

然后，连接前面的代码，只需几行代码就可以将其挂到工具中。

```
@gstats.command("activity")
@click.option("--path", default=CHECKOUT_DIR, help="path to org")
@click.option("--sort", default="active_days",
    help="can sort by:  active_days, active_ratio, active_duration")
def activity(path, sort):
    """Creates Activity Stats

    Example is run after checkout:
    python dml.py gstats activity -path\
         /Users/noah/src/wulio/checkout
    """

    org_df = mkdata.create_org_df(path)
    activity_counts = stats.author_unique_active_days(\
        org_df, sort_by=sort)
    click.echo(activity_counts)
```

使用此工具的命令行形式如下。

```
# Linux Development Active Ratio
dml gstats activity --path /Users/noahgift/src/linux\
 --sort active_days
```

```
author_name  active_days active_duration  active_ratio
Takashi Iwai         1677       4590 days       0.370000
Eric Dumazet         1460       4504 days       0.320000
David S. Miller         1428       4513 days       0.320000
Johannes Berg         1329       4328 days       0.310000
Linus Torvalds         1281       4565 days       0.280000
Al Viro         1249       4562 days       0.270000
Mauro Carvalho Chehab         1227       4464 days       0.270000
Mark Brown         1198       4187 days       0.290000
Dan Carpenter         1158       3972 days       0.290000
Russell King         1141       4602 days       0.250000
Axel Lin         1040       2720 days       0.380000
Alex Deucher         1036       3497 days       0.300000
# CPython Development Active Ratio

            author_name  active_days active_duration  active_ratio
146     Guido van Rossum         2256       9673 days       0.230000
301    Raymond Hettinger         1361       5635 days       0.240000
128           Fred Drake         1239       5335 days       0.230000
47     Benjamin Peterson         1234       3494 days       0.350000
132         Georg Brandl         1080       4091 days       0.260000
375       Victor Stinner          980       2818 days       0.350000
235       Martin v. Löwis          958       5266 days       0.180000
36        Antoine Pitrou          883       3376 days       0.260000
362           Tim Peters          869       5060 days       0.170000
164          Jack Jansen          800       4998 days       0.160000
24    Andrew M. Kuchling          743       4632 days       0.160000
330     Serhiy Storchaka          720       1759 days       0.410000
44          Barry Warsaw          696       8485 days       0.080000
52          Brett Cannon          681       5278 days       0.130000
262          Neal Norwitz          559       2573 days       0.220000
```

在上面的分析中，Python 的“Guido”在某天工作的概率为 23%，而 Linux 的“Linus”在某天工作的概率为 28%。这种特殊形式的分析令人着迷之处在于展示了长期表现。在 CPython 的案例中，许多开发者也是全职工作，因此观察输出更令人难以置信。另一个令人着迷的分析是查看公司的开发者历史（结合所有可用的存储库）。我注意到，在某些情况下，如果非常资深的开发者被全职雇用，他们能输出大约 85%活跃比的代码。

## 8.7　使用 Jupyter Notebook 探索 GitHub 组织

### GitHub 的 Pallets 项目

只查看单个存储库会导致一个问题，即只查看到了部分数据。早期的代码创建了克隆整个组织并对其进行分析的能力。一种流行的 GitHub 组织是 Pallets 项目（https://github.com/pallets）。Pallets 有多个受欢迎的项目，如 click 和 Flask。可在 https://github.com/ noahgift/devml/blob/master/notebooks/github_data_exploration.ipynb 中找到用于该分析的 Jupyter Notebook。

从命令行键入"jupyter notebook"启动 Jupyter，然后导入要使用的库。

```
In [3]: import sys;sys.path.append("..")
   ...: import pandas as pd
   ...: from pandas import DataFrame
   ...: import seaborn as sns
   ...: import matplotlib.pyplot as plt
   ...: from sklearn.cluster import KMeans
   ...: %matplotlib inline
   ...: from IPython.core.display import display, HTML
   ...: display(HTML("<style>.container {\
 width:100% !important; }</style>"))
```

接着，使用下载组织的代码。

```
In [4]: from devml import (mkdata, stats, state, fetch_repo, ts)

In [5]: dest, token, org = state.get_project_metadata(\
        "../project/config.json")
In [6]: fetch_repo.clone_org_repos(token, org,
   ...:         dest, branch="master")

Out[6]:
[<git.Repo "/tmp/checkout/flask/.git">,
 <git.Repo "/tmp/checkout/pallets-sphinx-themes/.git">,
 <git.Repo "/tmp/checkout/markupsafe/.git">,
 <git.Repo "/tmp/checkout/jinja/.git">,
 <git.Repo "/tmp/checkout/werkzeug/.git">,
 <git.Repo "/tmp/checkout/itsdangerous/.git">,
 <git.Repo "/tmp/checkout/flask-website/.git">,
 <git.Repo "/tmp/checkout/click/.git">,
 <git.Repo "/tmp/checkout/flask-snippets/.git">,
 <git.Repo "/tmp/checkout/flask-docs/.git">,
```

```
<git.Repo "/tmp/checkout/flask-ext-migrate/.git">,
<git.Repo "/tmp/checkout/pocoo-sphinx-themes/.git">,
<git.Repo "/tmp/checkout/website/.git">,
<git.Repo "/tmp/checkout/meta/.git">]
```

由于代码保存在磁盘上，因此可将其转换为 Pandas 数据帧。

```
In [7]: df = mkdata.create_org_df(path="/tmp/checkout")
In [9]: df.describe()
Out[9]:
       commits
count   8315.0
mean       1.0
std        0.0
min        1.0
25%        1.0
50%        1.0
75%        1.0
max        1.0
```

接下来，计算活跃天数。

```
In [10]: df_author_ud = stats.author_unique_active_days(df)
    ...:
In [11]: df_author_ud.head(10)
Out[11]:
              author_name  active_days active_duration  active_ratio
86         Armin Ronacher          941       3817 days          0.25
499  Markus Unterwaditzer          238       1767 days          0.13
216            David Lord           94        710 days          0.13
663           Ron DuPlain           56        854 days          0.07
297          Georg Brandl           41       1337 days          0.03
196      Daniel Neuhäuser          36        435 days           0.08
169     Christopher Grebs           27       1515 days          0.02
665     Ronny Pfannschmidt          23       2913 days          0.01
448       Keyan Pishdadian          21        882 days          0.02
712            Simon Sapin          21        793 days          0.03
```

最后，通过使用 sns.barplot 将活跃天数转换为 Seaborn 图，如图 8.1 所示，根据项目中活跃天数（即他们实际签入代码的天数）绘制出组织中的前 10 名贡献者。毫不奇怪，许多项目的主要贡献者的活跃度几乎是其他贡献者的三倍。

也许某些类似的观察结果可以用于推断出公司所有存储库中的闭源项目。活跃天数可能是说明参与度的有用指标，它是用于衡量团队和项目有效性的诸多指标中的一部分。

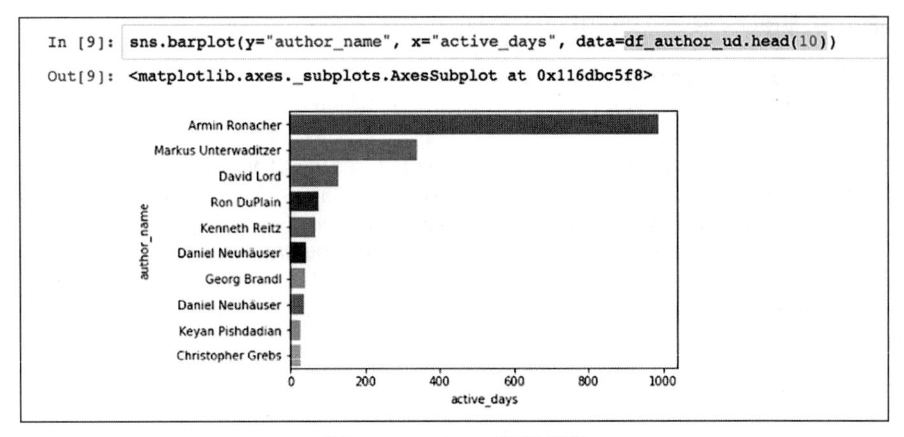


图 8.1　Seaborn 活跃天数

## 8.8　查看 CPython 项目中的文件元数据

这里要讨论的下一个 Jupyter Notebook 是围绕 CPython 元数据的探索，该项目可在 https://github.com/noahgift/devml/blob/master/notebooks/repo_file_exploration.ipynb 中找到。CPython 项目可在 https://github.com/python/cpython 找到，它是用于开发 Python 语言的存储库。

一种可生成的度量指标称为相对扰动率（relative churn），该指标指出“相对代码扰动率指标的增加伴随着系统缺陷密度的增加。”这意味着文件中的太多更改预示着缺陷。

使用新的 Notebook 再次导入探索元数据所需的模块。

```
In [1]: import sys;sys.path.append("..")
   ...: import pandas as pd
   ...: from pandas import DataFrame
   ...: import seaborn as sns
   ...: import matplotlib.pyplot as plt
   ...: from sklearn.cluster import KMeans
   ...: %matplotlib inline
   ...: from IPython.core.display import display, HTML
   ...: display(HTML("<style>.container \
{ width:100% !important; }</style>"))
```

接着，生成扰动指标（churn metric）。

```
In [2]: from devml.post_processing import (
        git_churn_df, file_len, git_populate_file_metadata)

In [3]: df = git_churn_df(path="/Users/noahgift/src/cpython")
2017-10-23 06:51:00,256 - devml.post_processing - INFO –
         Running churn cmd: [git log --name-only
         --pretty=format:] at path [/Users/noahgift/src/cpython]

In [4]: df.head()
Out[4]:
                                               files  churn_count
0                         b'Lib/test/test_struct.py'          178
1                      b'Lib/test/test_zipimport.py'           78
2                           b'Misc/NEWS.d/next/Core'          351
3                                             b'and'          351
4  b'Builtins/2017-10-13-20-01-47.bpo-31781.cXE9S...            1
```

然后，可以使用 Pandas 中的一些滤波器来计算 Python 扩展名的顶级相对扰动率文件。输出情况如图 8.2 所示。

```
In [14]: metadata_df = git_populate_file_metadata(df)

In [15]: python_files_df =\
 metadata_df[metadata_df.extension == ".py"]
    ...: line_python =\
 python_files_df[python_files_df.line_count> 40]
    ...: line_python.sort_values(
by="relative_churn", ascending=False).head(15)
    ...:
```

从该查询中观察得出的结果是，测试有许多扰动，这或许值得进一步探讨。这是否意味着测试本身也包含了错误？这方面的详细探究也具有吸引力。此外，有几个 Python 模块具有极高的相对扰动率，如 string.py 模块（https://github.com/python/cpython/blob/master/Lib/string.py）。查看该文件的源代码，会发现它的规模看起来很复杂并且包含元类。复杂性易导致出错。这似乎也是数据科学值得进一步探索的模块。

接下来，可运行一些描述性统计信息以查找整个项目的中位数。这表明在几十年和 10 万多个提交的项目中，一个中位数文件大约有 146 行，它被改变 5 次，相对扰动率为 10%。由此得出的结论是：要创建的理想文件很小，并且多年来发生了一些变化。

```
In [16]: metadata_df.median()
Out[16]:
churn_count        5.0
line_count       146.0
relative_churn     0.1
dtype: float64
```

```
In [22]: python_files_df = metadata_df[metadata_df.extension == ".py"]
         line_python = python_files_df[python_files_df.line_count> 40]
         line_python.sort_values(by="relative_churn", ascending=False).head(15)
Out[22]:
```

| | files | churn_count | line_count | extension | relative_churn |
|---|---|---|---|---|---|
| 15 | b'Lib/test/regrtest.py' | 627 | 50.0 | .py | 12.54 |
| 196 | b'Lib/test/test_datetime.py' | 165 | 57.0 | .py | 2.89 |
| 197 | b'Lib/io.py' | 165 | 99.0 | .py | 1.67 |
| 430 | b'Lib/test/test_sundry.py' | 91 | 56.0 | .py | 1.62 |
| 269 | b'Lib/test/test___all__.py' | 128 | 109.0 | .py | 1.17 |
| 1120 | b'Lib/test/test_userstring.py' | 40 | 44.0 | .py | 0.91 |
| 827 | b'Lib/email/__init__.py' | 52 | 62.0 | .py | 0.84 |
| 85 | b'Lib/test/test_support.py' | 262 | 461.0 | .py | 0.57 |
| 1006 | b'Lib/test/test_select.py' | 44 | 82.0 | .py | 0.54 |
| 1474 | b'Lib/lib2to3/fixes/fix_itertools_imports.py' | 30 | 57.0 | .py | 0.53 |
| 346 | b'Doc/conf.py' | 106 | 206.0 | .py | 0.51 |
| 222 | b'Lib/string.py' | 151 | 305.0 | .py | 0.50 |
| 804 | b'Lib/test/test_normalization.py' | 53 | 108.0 | .py | 0.49 |
| 592 | b'Lib/test/test_fcntl.py' | 68 | 152.0 | .py | 0.45 |
| 602 | b'Lib/test/test_winsound.py' | 67 | 148.0 | .py | 0.45 |

图 8.2　CPython .py 文件中的顶级相对扰动率列表

为相对扰动率生成 Seaborn 图可使输出模式更加清晰。

```
In [18]: import matplotlib.pyplot as plt
    ...: plt.figure(figsize=(10,10))
    ...: python_files_df =\
 metadata_df[metadata_df.extension == ".py"]
    ...: line_python =\
 python_files_df[python_files_df.line_count> 40]
    ...: line_python_sorted =\
 line_python.sort_values(by="relative_churn",
         ascending=False).head(15)
    ...: sns.barplot(
y="files", x="relative_churn",data=line_python_sorted)
    ...: plt.title('Top 15 CPython Absolute and Relative Churn')
    ...: plt.show()
```

在图 8.3 中，regtest.py 模块突显出修改最多的文件，再次表明对其进行了很大的修改。尽管它是小文件，但回归测试通常会极为复杂，这也可能是程序代码中的一个热点研究问题。regtest.py 程序代码可在 https://github.com/python/cpython/blob/master/Lib/test/regrtest.py 上查看。

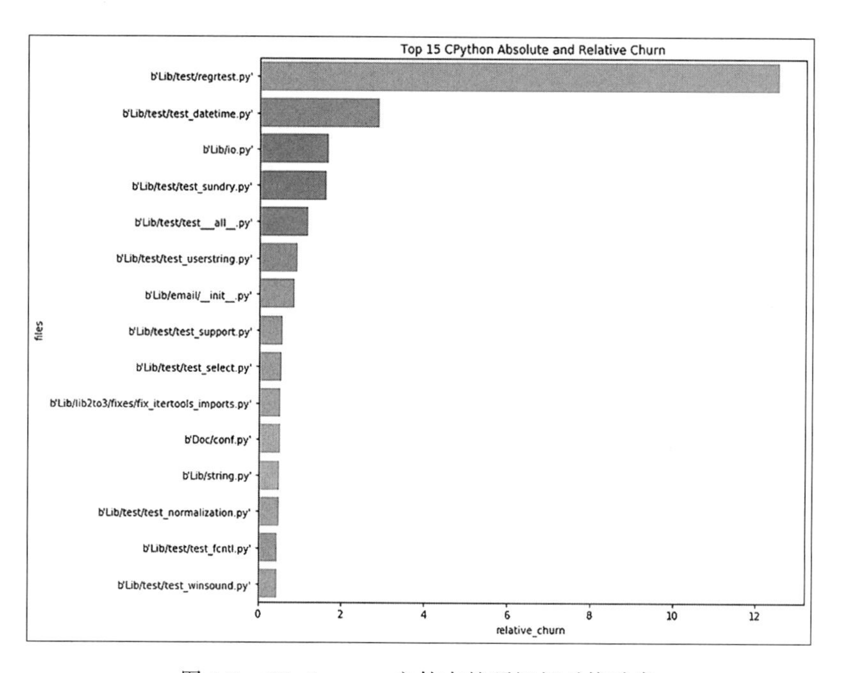

图 8.3 CPython .py 文件中的顶级相对扰动率

## 8.9 查看 CPython 项目中的已删除文件

另一个项目探索领域是，在整个项目历史中删除的文件。该探索领域有许多研究方向，如相对扰动率预测过高时预测稍后将文件删除等。要查看已删除的文件，首先要在后处理目录中创建另一个函数（https://github.com/noahgift/ devml/blob/master/devml/post_processing.py）。

```
FILES_DELETED_CMD=\
    'git log --diff-filter=D --summary | grep delete'

def files_deleted_match(output):
    """Retrieves files from output from subprocess
```

```
    i.e:
    wcase/templates/hello.html\n delete mode 100644
    Throws away everything but path to file
    """

    files = []
    integers_match_pattern = '^[-+]?[0-9]+$'
    for line in output.split():
        if line == b"delete":
            continue
        elif line == b"mode":
            continue
        elif re.match(integers_match_pattern, line.decode("utf-8")):
            continue
        else:
            files.append(line)
    return files
```

此函数在 Git 日志中查找删除消息，进行模式匹配并将文件提取到列表中，以便能创建 Pandas 数据帧。然后，可在 Jupyter Notebook 中使用它。

```
In [19]: from devml.post_processing import git_deleted_files
    ...: deletion_counts = git_deleted_files(
"/Users/noahgift/src/cpython")
```

要检查某些已删除文件，请查看最后几条记录。

```
In [21]: deletion_counts.tail()
Out[21]:
                          files     ext
8812  b'Mac/mwerks/mwerksglue.c'      .c
8813        b'Modules/version.c'      .c
8814      b'Modules/Setup.irix5'  .irix5
8815      b'Modules/Setup.guido'  .guido
8816      b'Modules/Setup.minix'  .minix
```

接下来，查看是否存在已删除文件和保留文件一起显示的模式。为此，需要连接已删除文件的数据帧。

```
In [22]: all_files = metadata_df['files']
    ...: deleted_files = deletion_counts['files']
    ...: membership = all_files.isin(deleted_files)
    ...:

In [23]: metadata_df["deleted_files"] = membership
```

```
In [24]: metadata_df.loc[metadata_df["deleted_files"] ==\
 True].median()
Out[24]:
churn_count        4.000
line_count        91.500
relative_churn     0.145
deleted_files      1.000
dtype: float64

In [25]: metadata_df.loc[metadata_df["deleted_files"] ==\
 False].median()
Out[25]:
churn_count          9.0
line_count         149.0
relative_churn       0.1
deleted_files        0.0
dtype: float64
```

在查看已删除文件与仍在存储库中的文件的中位数时，差异存在的主要原因是已删除文件的相对扰动次数较高。或许是删除了有问题的文件？由于没有更多的调查，这里只能是未知的。接下来，在该数据帧上的 Seaborn 中创建相关度热图。

```
In [26]: sns.heatmap(metadata_df.corr(), annot=True)
```

如图 8.4 所示，它表明相对扰动率和删除文件之间存在相关性——非常小的正相关。此标志可能包含在机器学习模型中，以预测正在删除的文件的似然性。

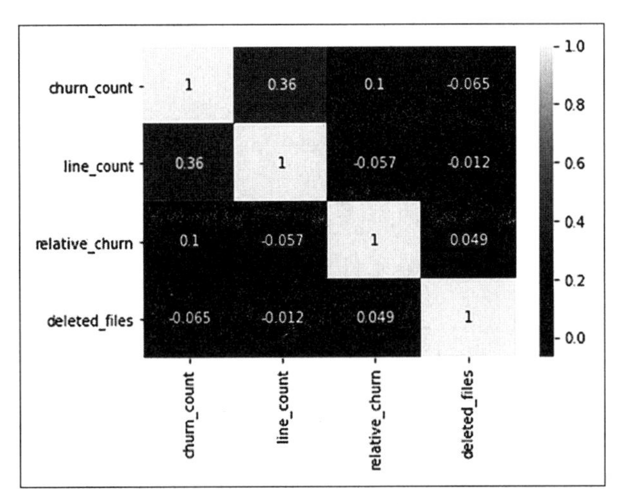


图 8.4 已删除文件的相关度热图

接下来，最终的散点图显示了已删除文件和保留在存储库中的文件之间的一些差异。

```
In [27]: sns.lmplot(x="churn_count", y="line_count",
 hue="deleted_files", data=metadata_df)
```

图 8.5 显示了三个维度：行计数、扰动计数以及已删除文件的 True / False 类别。

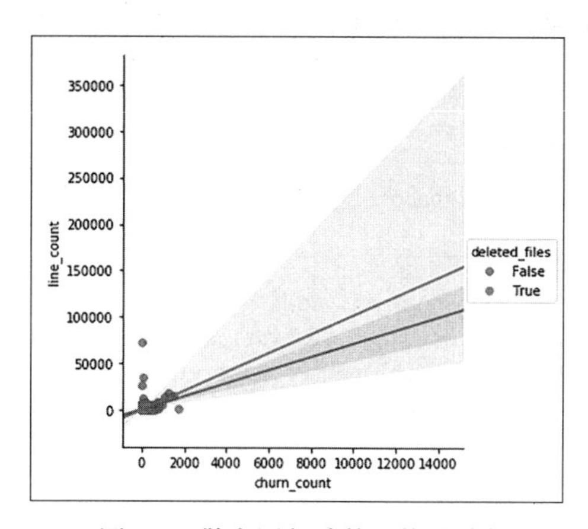


图 8.5　散点图行计数和扰动计数

## 8.10　将项目部署到 Python 包索引库

通过创建库和命令行工具的所有辛苦工作，将项目提交给 Python 包索引来与其他人共享是一件有意义的事。对此，只需下面几个步骤。

1. 在 https://pypi.python.org/pypi 上创建账户。
2. 安装 twine 包：pip install twine。
3. 创建 setup.py 文件。
4. 在 Makefile 中添加部署步骤。

从第 3 步开始是 setup.py 文件的输出。最重要的两个部分是包（它确保安装库）和脚本。 这些脚本包含整个项目中使用的 dml 脚本，可在 https://github.com/noahgift/devml/blob/master/setup.py 查看整个脚本。

```
import sys
if sys.version_info < (3,6):
    sys.exit('Sorry, Python < 3.6 is not supported')
import os
from setuptools import setup

from devml import __version__

if os.path.exists('README.rst'):
    LONG = open('README.rst').read()

setup(
    name='devml',
    version=__version__,
    url='https://github.com/noahgift/devml',
    license='MIT',
    author='Noah Gift',
    author_email='consulting@noahgift.com',
    description="""Machine Learning, Statistics
        and Utilities around Developer Productivity,
        Company Productivity and Project Productivity""",
    long_description=LONG,
    packages=['devml'],
    include_package_data=True,
    zip_safe=False,
    platforms='any',
    install_requires=[
        'pandas',
        'click',
        'PyGithub',
        'gitpython',
        'sensible',
        'scipy',
        'numpy',
    ],
    classifiers=[
        'Development Status :: 4 - Beta',
        'Intended Audience :: Developers',
        'License :: OSI Approved :: MIT License',
        'Programming Language :: Python',
        'Programming Language :: Python :: 3.6',
        'Topic :: Software Development \
        :: Libraries :: Python Modules'
    ],
    scripts=["dml"],
)
```

然后，脚本指令将 dml 工具安装到 pip 安装模块的所有用户路径中。

最后的部分是配置 Makefile，代码如下。

```
deploy-pypi:
    pandoc --from=markdown --to=rst README.md -o README.rst
    python setup.py check --restructuredtext --strict --metadata
    rm -rf dist
    python setup.py sdist
    twine upload dist/*
    rm -f README.rst
```

Makefile 的全部内容可在 GitHub 中找到：https://github.com/noahgift/ devml/blob/master/Makefile。

最后，进行部署，过程如下。

```
(.devml) ➜  devml git:(master) ✗ make deploy-pypi
pandoc --from=markdown --to=rst README.md -o README.rst
python setup.py check --restructuredtext --strict --metadata
running check
rm -rf dist
python setup.py sdist
running sdist
running egg_info
writing devml.egg-info/PKG-INFO
writing dependency_links to devml.egg-info/dependency_links.txt
....
running check
creating devml-0.5.1
creating devml-0.5.1/devml
creating devml-0.5.1/devml.egg-info
copying files to devml-0.5.1...
....
Writing devml-0.5.1/setup.cfg
creating dist
Creating tar archive
removing 'devml-0.5.1' (and everything under it)
twine upload dist/*
Uploading distributions to https://upload.pypi.org/legacy/
Enter your username:
```

## 8.11　小结

本章首先创建了基本数据科学框架并对框架进行解读。接下来，使用 Jupyter Notebook 研究了 CPython GitHub 项目。最后，打包数据科学命令行工具项目

DEVML 并将其部署到 Python 包索引中。对于使用 Python 库和命令行工具来构建交付解决方案的开发人员，本章提供了可供学习研究的很好基础材料。

和本书的其他章节一样，本章介绍的只是公司或公司内部 AI 应用的初步知识。运用本书其他章节介绍的技术，可创建用 Flask 或 chalice 及数据管道编写的 API 并将此产品投入生产。

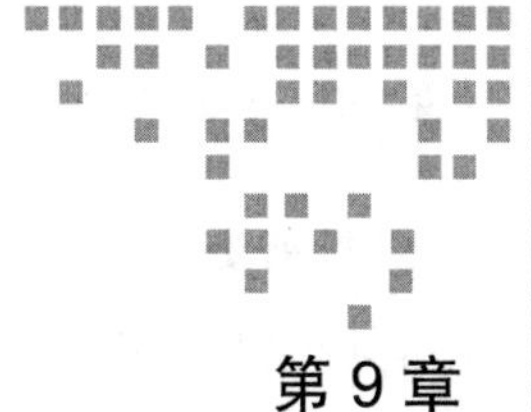

第9章 Chapter 9

# 动态优化基于AWS的弹性计算云（EC2）实例

柔术是一场比赛，如果你在和比你优秀的人对抗时犯了错误，那么你永远赶不上他。

——路易斯·李茂·赫里迪亚（五届泛美地区巴西柔术冠军）

生产环境机器学习的常见问题是需要进行作业管理。管理作业的示例可以是，诸如爬取网站内容以生成大型CSV文件的描述性统计数据、以编程方式更新监督机器学习模型等。管理作业是计算机科学中最复杂的问题之一，它有许多解决方法。另外一个问题是，正在运行的作业在执行过程中可能很快就会变得成本极高。本章将介绍几种不同的AWS技术，并给出相关技术应用示例。

## 9.1 在AWS上运行作业

### 9.1.1 EC2 Spot实例

深入理解Spot实例对于生产环境机器学习系统以及实验至关重要。浏览AWS

官方Spot视频教程（https://aws.amazon.com/ec2/spot/spot-tutorials/）对本章介绍的一些内容会有所帮助。下面是Spot实例的一些背景知识。

- 一般比预留实例便宜50%至60%。
- 一些有用的行业及用例：
  - 科学研究
  - 金融服务
  - 视频/影像处理公司
  - Web爬取/数据处理
  - 功能测试和负载测试
  - 深度学习和机器学习
- 有四种常见架构：
  - Hadoop/Elastic MapReduce（EMR）
  - 检查点（将结果输出到磁盘时将其写出）
  - 网格（例如StarCluster，http://star.mit.edu/cluster/docs/latest/index.html）
  - 基于队列

### 9.1.2 Spot实例理论和定价历史

在理解如何推理Spot定价方面存在一些学习曲线。一开始的障碍是，了解你的工作实际需要何种实例。甚至这样也充满困难，因为根据Spot架构类型，会出现不同的瓶颈：这些瓶颈可能是网络，也可能是磁盘I/O或CPU。此外，对于作业框架，代码的构建方式本身就是问题。

图9.1能很好地描述阿姆达尔（Amdahl）定律，该定律说明了现实世界中并行化的局限性。该定律指出加速受到程序串行部分的限制。例如，分发作业的开销可能包含串行组件。也许最好的示例是考虑一项耗时100s但包含开发人员忘记的5s休眠时间的作业。当分配这类作业时，理论上的最大加速是20倍。在隐藏休眠的情况下（确实会发生），即使是更快的CPU或磁盘，也无法改善隐藏休眠的性能。

公式（9.1）是阿姆达尔定律方程：

$$S_{\text{latency}}(s)=\frac{1}{(1-p)+\dfrac{p}{s}} \tag{9.1}$$

其中，

- $S_{\text{latency}}(s)$ 是总加速。
- $s$ 是并行部分的加速。
- $p$ 是受益于最初使用的改进资源的部分的执行时间比例。

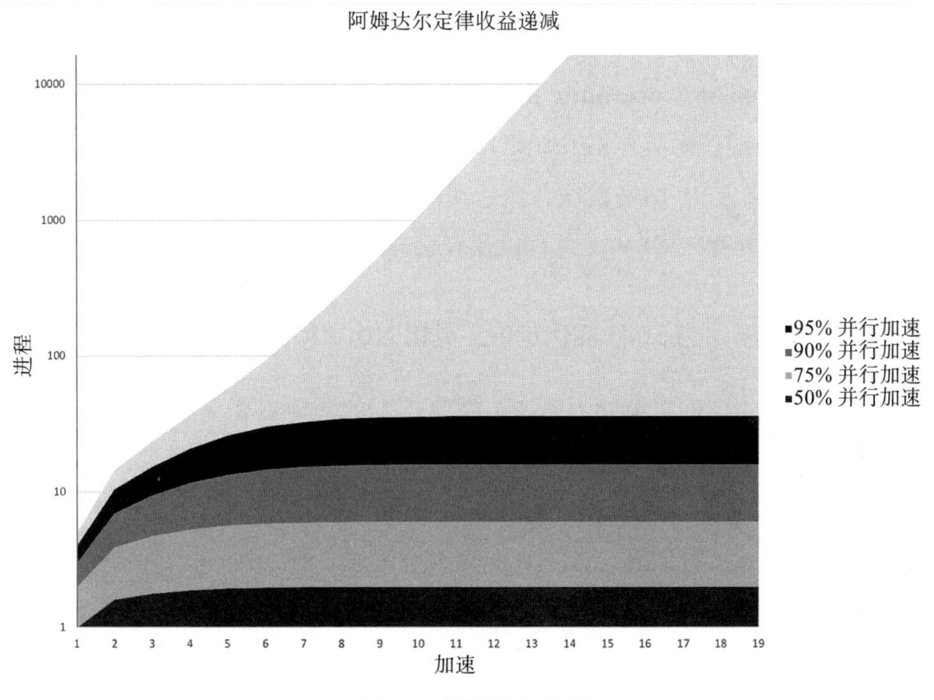


图 9.1　阿姆达尔定律

如果串行组件作业正在解压数据，那么更快的 CPU 和更高速的磁盘 I/O 会对执行作业有所帮助。撇开理论不谈，实现分布式作业很难，找到使用哪种 Spot 实例和架构类型的最好方式需要实验和测试工具。运行作业，查看各节点的指标并考虑执行作业所需的时间。然后，对不同的架构和配置进行实验，如 EFS 与条带化弹性块存储（Striped EBS）卷，这些卷通过网络文件系统（NFS）共享。

我在电影行业工作多年，一种观点认为电影是第一个“大数据”行业。在讨论Hadoop、大数据、机器学习和 AI 作业框架之前，电影已经是运行了多年的分布式作业框架。我发现在电影业中一些应用于大数据的作业任务，在分布式系统中总是出错。在维护令人不敢相信的测试工具的同时，一个关键点是尽可能让作业任务简单并拥有严明的纪律。

现在回到 Spot 定价话题，应该知道优化分布式作业的性能的方法有很多。起初，易实现的目标可能只是找到一些廉价、高性能的实例，但是配置以及如何对其进行测试等对于长期成功开发工作于生产级别的作业任务至关重要。

在 http://www.ec2instances.info/ 网站可找到 Spot 价格与按需价格以及查看机器性能的有用资料。源代码可在 GitHub（https://github.com/powdahound/ec2instances.info）中找到。抓取 AWS 网站数据，然后在简洁网页中比较 Spot 价格与保留价格。将这些数据格式化并存入 CSV 文件，以便轻松导入 Jupyter Notebook。

### 创建基于机器学习的 Spot 实例定价工具和 Notebook

创建使其投入生产的机器学习解决方案是本书的一项主要重点内容。Unix 理念包含了小型工具的概念，这些工具能很好地完成某项作业任务。通常，生产系统不仅仅是一个系统，还涉及使系统正常运行的一些小型开发工具。本着这种理念的内在精神，这里将展示一种工具，该工具能在某个区域找到 Spot 定价并使用机器学习推荐相同聚类的选择。首先，使用通用样板文件初始化新的 Jupyter Notebook。

```
In [1]: import pandas as pd
   ...: import seaborn as sns
   ...: import matplotlib.pyplot as plt
   ...: from sklearn.cluster import KMeans
   ...: %matplotlib inline
   ...: from IPython.core.display import display, HTML
   ...: display(HTML("<style>.container \
{ width:100% !important; }</style>"))
   ...: import boto3
```

接下来，加载初始的 CSV 文件，它包含一些从 http://www.ec2instances.info/ 上爬取到的数据信息（先用 Excel 对文件进行少量格式化操作）。

```
In [2]: pricing_df = pd.read_csv("../data/ec2-prices.csv")
   ...: pricing_df['price_per_ecu_on_demand'] =\
        pricing_df['linux_on_demand_cost_hourly']/\
        pricing_df['compute_units_ecu']
   ...: pricing_df.head()
   ...:
Out[2]:
                Name InstanceType  memory_gb  compute_units_ecu  \
R3 High-Memory Large     r3.large      15.25                6.5
M4 Large      m4.large       8.00                           6.5
R4 High-Memory Large     r4.large      15.25                7.0
C4 High-CPU Large     c4.large      3.75                    8.0
GPU Extra Large     p2.xlarge     61.00                    12.0

vcpu  gpus  fpga enhanced_networking  linux_on_demand_cost_hourly \
2     0     0                  Yes                        0.17
2     0     0                  Yes                        0.10
2     0     0                  Yes                        0.13
2     0     0                  Yes                        0.10
4     1     0                  Yes                        0.90

   price_per_ecu_on_demand
0                 0.026154
1                 0.015385
2                 0.018571
3                 0.012500
4                 0.075000
```

来自该数据集的实例名称将传递到 Boto API 中，以获取 Spot 实例的定价历史记录。

```
In [3]: names = pricing_df["InstanceType"].to_dict()
In [6]: client = boto3.client('ec2')
   ...: response =client.describe_spot_price_history(\
 InstanceTypes = list(names.values()),
   ...:          ProductDescriptions = ["Linux/UNIX"])
 In [7]: spot_price_history = response['SpotPriceHistory']
   ...: spot_history_df = pd.DataFrame(spot_price_history)
   ...: spot_history_df.SpotPrice =\
  spot_history_df.SpotPrice.astype(float)
   ...:
```

从 API 返回的最有用的信息是 SpotPrice 定价值，该值可作为推荐类似实例以及查找每个弹性计算单元（ECU）、内存最佳定价的基础。此外，JSON 对象返回结果被导入 Pandas 数据帧。然后，SpotPrice 列被转换为浮点数以便随后进行数值处理。

```
In [8]: spot_history_df.head()
Out[8]:
  AvailabilityZone InstanceType ProductDescription  SpotPrice  \
0       us-west-2c   r4.8xlarge         Linux/UNIX     0.9000
1       us-west-2c    p2.xlarge         Linux/UNIX     0.2763
2       us-west-2c   m3.2xlarge         Linux/UNIX     0.0948
3       us-west-2c    c4.xlarge         Linux/UNIX     0.0573
4       us-west-2a    m3.xlarge         Linux/UNIX     0.0447

                  Timestamp
0 2017-09-11 15:22:59+00:00
1 2017-09-11 15:22:39+00:00
2 2017-09-11 15:22:39+00:00
3 2017-09-11 15:22:38+00:00
4 2017-09-11 15:22:38+00:00
```

合并两个数据帧并创建新的列，这些列是内存和 ECU（计算单元）上的 SpotPrice 定价。Pandas 中的对三列定价的 describe 运算操作显示了新创建数据帧的特征。

```
In [16]: df = spot_history_df.merge(\
pricing_df, how="inner", on="InstanceType")
    ...: df['price_memory_spot'] =\
 df['SpotPrice']/df['memory_gb']
    ...: df['price_ecu_spot'] =\
 df['SpotPrice']/df['compute_units_ecu']
    ...: df[["price_ecu_spot", "SpotPrice",\
 "price_memory_spot"]].describe()
    ...:
Out[16]:
       price_ecu_spot    SpotPrice  price_memory_spot
count     1000.000000  1000.000000        1000.000000
mean         0.007443     0.693629           0.005041
std          0.029698     6.369657           0.006676
min          0.002259     0.009300           0.000683
25%          0.003471     0.097900           0.002690
50%          0.004250     0.243800           0.003230
75%          0.006440     0.556300           0.006264
max          0.765957   133.380000           0.147541
```

可视化数据会使答案更为清晰。通过 AWS EC2 InstanceType 实例类型执行

groupby 操作可以对每个 InstanceType 实例类型计算出中位数。

```
In [17]: df_median = df.groupby("InstanceType").median()
    ...: df_median["InstanceType"] = df_median.index
    ...: df_median["price_ecu_spot"] =\
 df_median.price_ecu_spot.round(3)
    ...: df_median["divide_SpotPrice"] = df_median.SpotPrice/100
    ...: df_median.sort_values("price_ecu_spot", inplace=True)
```

创建一个 Seaborn 条形图，该图将两个图叠加在一起。这是显示两个相关列对比度的出色技术。price_ecu_spot（即 Spot 价格与计算单元的比值）和原始 SpotPrice 进行比较。如图 9.2 所示，排序后的数据帧允许以清晰模式显现，这对节俭的分布式计算用户来说有着重要价值。在特定的区域，如果仅考虑 ECU 并同时考虑 Spot 价格以及 Spot 价格与 ECU 的比值，那么 us-west-2、r4.large 风格的实例有最佳价格。将 SpotPrice 除以 100 是提高可见度的技巧。

```
    ...: plt.subplots(figsize=(20,15))
    ...: ax = plt.axes()
    ...: sns.set_color_codes("muted")
    ...: sns.barplot(x="price_ecu_spot",\
 y="InstanceType", data=df_median,
    ...:             label="Spot Price Per ECU", color="b")
    ...: sns.set_color_codes("pastel")
    ...: sns.barplot(x="divide_SpotPrice",\
 y="InstanceType", data=df_median,
    ...:             label="Spot Price/100", color="b")
    ...:
    ...: # Add a legend and informative axis label
    ...: ax.legend(ncol=2, loc="lower right", frameon=True)
    ...: ax.set(xlim=(0, .1), ylabel="",
    ...:        xlabel="AWS Spot Pricing by Compute Units (ECU)")
    ...: sns.despine(left=True, bottom=True)
    ...:
<matplotlib.figure.Figure at 0x11383ef98>
```

将足够多的信息转换为命令行工具是有意义的，该工具有助于决定要配置哪种类型的 Spot 实例。为了创建新的命令行工具，要在 paws 目录中创建一个新模块，并将先前的代码封装到函数中。

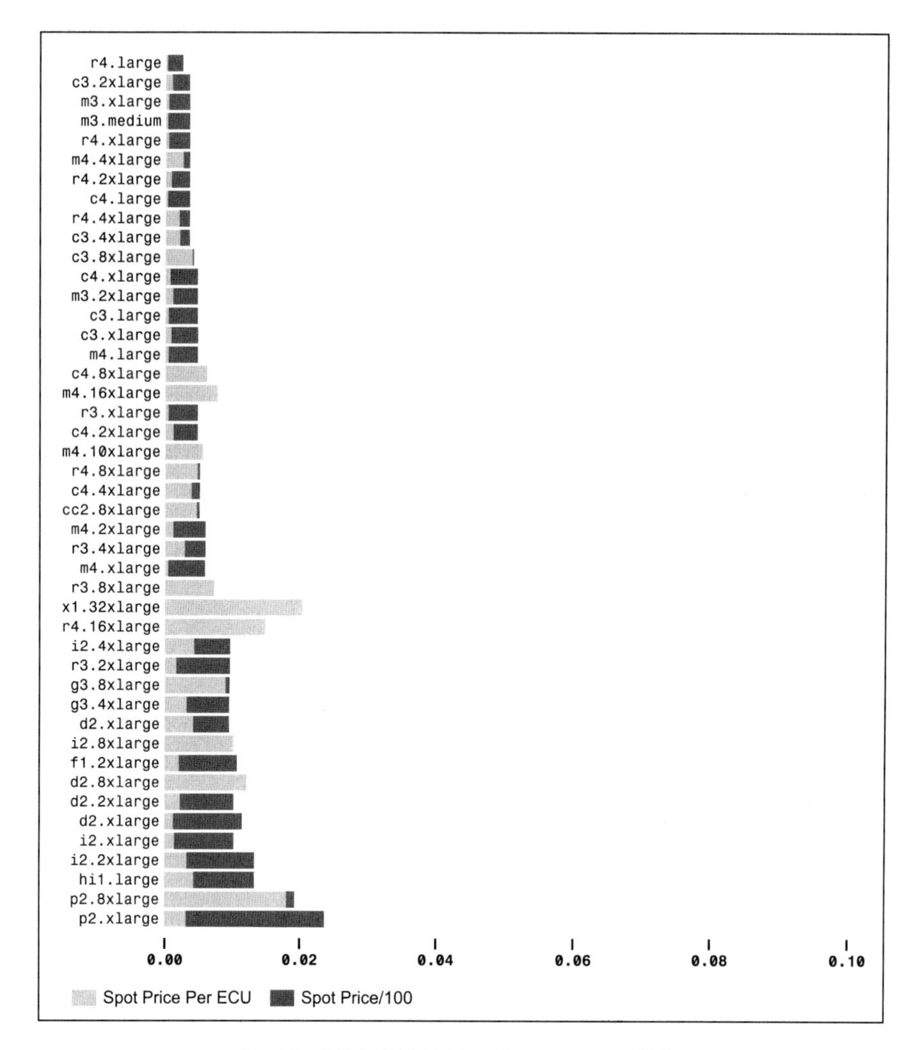


图 9.2 按计算单元划分的 AWS Spot 定价

```
def cluster(combined_spot_history_df, sort_by="price_ecu_spot"):
    """Clusters Spot Instances"""

    df_median = combined_spot_history_df.\
groupby("InstanceType").median()
    df_median["InstanceType"] = df_median.index
    df_median["price_ecu_spot"] = df_median.price_ecu_spot.round(3)
    df_median.sort_values(sort_by, inplace=True)
    numerical_df = df_median.loc[:,\
["price_ecu_spot", "price_memory_spot", "SpotPrice"]]
    scaler = MinMaxScaler()
    scaler.fit(numerical_df)
```

```
    scaler.transform(numerical_df)
    k_means = KMeans(n_clusters=3)
    kmeans = k_means.fit(scaler.transform(numerical_df))
    df_median["cluster"]=kmeans.labels_
    return df_median

def recommend_cluster(df_cluster, instance_type):
    """Takes a instance_type and finds
a recommendation of other instances similar"""


    vals = df_cluster.loc[df_cluster['InstanceType'] ==\
 instance_type]
    cluster_res = vals['cluster'].to_dict()
    cluster_num = cluster_res[instance_type]
    cluster_members = df_cluster.loc[df_cluster["cluster"] ==\
 cluster_num]
    return cluster_members
```

聚类函数能缩放数据以及获取 price_ecu_spot、price_memory_ spot 和 SpotPrice 三种定价并生成三个聚类。recommand 聚类函数是在同一聚类的实例有可能被替代的假设下工作。在 Jupyter 中，数据的短暂峰值表明确实存在三个不同的聚类。聚类 1 的内存量几乎荒谬且 SpotPrice 定价较高，此聚类中只有 1 个成员实例。聚类 2 的内存最低，并且此聚类有 11 个成员实例。聚类 0 的成员数最多，该聚类有 33 个实例且价格稍高，但内存平均增加了一倍。现在，可将这些假设转化成一种有用的命令行工具，该工具可让用户选择是否需要低、中或高内存的 Spot 实例并显示要支付的费用。

```
In [25]: df_median[["price_ecu_spot", "SpotPrice",\
 "price_memory_spot", "memory_gb","cluster"]].\
groupby("cluster").median()
Out[25]:
         price_ecu_spot  SpotPrice  price_memory_spot  memory_gb
cluster
0                 0.005     0.2430           0.002817       61.0
1                 0.766    72.0000           0.147541      488.0
2                 0.004     0.1741           0.007147       30.0

In [27]: df_median[["price_ecu_spot", "SpotPrice",\
 "price_memory_spot", "memory_gb","cluster"]].\
groupby("cluster").count()
Out[27]:
```

```
         price_ecu_spot  SpotPrice  price_memory_spot  memory_gb
cluster
0                    33         33                 33         33
1                     1          1                  1          1
2                    11         11                 11         11
```

创建命令行工具的最后步骤是使用在本章中呈现的相同模式：导入库，使用 click 框架管理选择项，并使用 click.echo 返回结果。recommand 命令使用 --instance 标志，然后返回该聚类所有成员实例的结果。

```
@cli.command("recommend")
@click.option('--instance', help='Instance Type')
def recommend(instance):
    """Recommends similar spot instances uses kNN clustering

    Example usage:

    ./spot-price-ml.py recommend --instance c3.8xlarge

    """
    pd.set_option('display.float_format', lambda x: '%.3f' % x)
    pricing_df = setup_spot_data("data/ec2-prices.csv")
    names = pricing_df["InstanceType"].to_dict()
    spot_history_df = get_spot_pricing_history(names,
        product_description="Linux/UNIX")
    df = combined_spot_df(spot_history_df, pricing_df)
    df_cluster = cluster(df, sort_by="price_ecu_spot")
    df_cluster_members = recommend_cluster(df_cluster, instance)
    click.echo(df_cluster_members[["SpotPrice",\
 "price_ecu_spot", "cluster", "price_memory_spot"]])
```

运行，输出如下结果。

```
➜ ✗ ./spot-price-ml.py recommend --instance c3.8xlarge
              SpotPrice  price_ecu_spot  cluster  price_memory_spot
InstanceType
c3.2xlarge        0.098           0.003        0              0.007
c3.4xlarge        0.176           0.003        0              0.006
c3.8xlarge        0.370           0.003        0              0.006
c4.4xlarge        0.265           0.004        0              0.009
cc2.8xlarge       0.356           0.004        0              0.006
c3.large          0.027           0.004        0              0.007
c3.xlarge         0.053           0.004        0              0.007
c4.2xlarge        0.125           0.004        0              0.008
c4.8xlarge        0.557           0.004        0              0.009
c4.xlarge         0.060           0.004        0              0.008
hi1.4xlarge       0.370           0.011        0              0.006
```

### 9.1.3　编写 Spot 实例启动程序

使用 Spot 实例有许多级别，本节会涉及其中几个层次，以一个简单的示例开始并向前推进。Spot 实例是 AWS 上机器学习的生命线。了解如何正确地使用它们可能会成就或瓦解一家公司、一个项目或者是一项爱好。推荐的最佳做法是创建会在一小时前自动终止的自过期（self-expiring）实例，这就是启动 Spot 实例的“Hello World”(至少是推荐的“Hello World”)。

第一部分是将 click 库与 Boto 和 Base64 库一并导入。发送到 AWS 的用户数据需要进行 Base64 编码，这将在另一个代码段中说明。注意，如果未对 boto.set_stream_logger 的行进行注释的话，将会产生非常详细的消息日志记录（这在尝试不同的命令行选项时很有用）。

```
#!/usr/bin/env python
"""Launches a test spot instance"""

import click
import boto3
import base64

from sensible.loginit import logger
log = logger(__name__)

#Tell Boto3 To Enable Debug Logging
#boto3.set_stream_logger(name='botocore')
```

第二部分是设置命令行工具，并将用户数据选项配置为自动终止。这是埃里克·哈蒙德（https://www.linkedin.com/ in/ehammond/）发明的一个很好的技巧。从本质上讲，当机器程序启动时，用“at”工具设置一个作业，该作业就能终止实例。该技巧可扩展进命令行工具中，这允许用户设置持续时间（如用户希望更改默认值为 55 分钟）。

```
@click.group()
def cli():
    """Spot Launcher"""


def user_data_cmds(duration):
    """Initial cmds to run, takes duration for halt cmd"""
```

```
    cmds = """
        #cloud-config
        runcmd:
         - echo "halt" | at now + {duration} min
    """.format(duration=duration)
    return cmds
```

在下面的选项中，所有内容都设置为默认值，这只需要用户指定启动命令。这些选项将传递到 Boto3 客户端调用的 Spot 请求 API 中。

```
@cli.command("launch")
@click.option('--instance', default="r4.large", help='Instance Type')
@click.option('--duration', default="55", help='Duration')
@click.option('--keyname', default="pragai", help='Key Name')
@click.option('--profile',\
        default="arn:aws:iam::561744971673:instance-profile/admin",
                     help='IamInstanceProfile')
@click.option('--securitygroup',\
        default="sg-61706e07", help='Key Name')
@click.option('--ami', default="ami-6df1e514", help='Key Name')
def request_spot_instance(duration, instance, keyname,
                          profile, securitygroup, ami):
    """Request spot instance"""


    user_data = user_data_cmds(duration)
    LaunchSpecifications = {
            "ImageId": ami,
            "InstanceType": instance,
            "KeyName": keyname,
            "IamInstanceProfile": {
                "Arn": profile
            },
            "UserData": base64.b64encode(user_data.encode("ascii")).\
                decode('ascii'),
            "BlockDeviceMappings": [
                {
                    "DeviceName": "/dev/xvda",
                    "Ebs": {
                        "DeleteOnTermination": True,
                        "VolumeType": "gp2",
                        "VolumeSize": 8,
                    }
                }
            ],
            "SecurityGroupIds": [securitygroup]
        }
```

```
    run_args = {
            'SpotPrice'            : "0.8",
            'Type'                 : "one-time",
            'InstanceCount'        : 1,
            'LaunchSpecification'  : LaunchSpecifications
        }
    msg_user_data = "SPOT REQUEST DATA: %s" % run_args
    log.info(msg_user_data)

    client = boto3.client('ec2', "us-west-2")
    reservation = client.request_spot_instances(**run_args)
    return reservation

if __name__ == '__main__':
    cli()
```

当使用 help 帮助运行命令行工具时，输出将显示可更改的选项。注意，基于某些原因，价格没有选择。首先，Spot 价格由市场驱动，因此请求将始终使用最低价格。其次，它可以使用已介绍的相同技术轻松添加。

```
➜ ./spot_launcher.py launch --help
Usage: spot_launcher.py launch [OPTIONS]

  Request spot instance

Options:
  --instance TEXT       Instance Type
  --duration TEXT       Duration
  --keyname TEXT        Key Name
  --profile TEXT        IamInstanceProfile
  --securitygroup TEXT  Key Name
  --ami TEXT            Key Name
  --help                Show this message and exit.
```

当启动具有新持续时间（如 1 小时 55 分钟）的 Spot 实例时，可通过设置 --duration 选项对其进行修改。

```
➜✗ ./spot_launcher.py launch --duration 115
2017-09-20 06:46:53,046 - __main__ - INFO –
SPOT REQUEST DATA: {'SpotPrice': '0.8', 'Type':
'one-time', 'InstanceCount': 1, 'LaunchSpecification':
 {'ImageId': 'ami-6df1e514', 'InstanceType':
'r4.large', 'KeyName': 'pragai', 'IamInstanceProfile':
 {'Arn': 'arn:aws:iam::561744971673:instance-profile/admin'},
.....
```

可通过启动实例所在区域的EC2仪表板找到该实例。AWS控制台中的 https://us-west-2.console.aws.amazon.com/ec2/v2/ home?region=us-west-2#Instances:sort=ipv6Ips 对应于该请求，其中提供了 ssh 到电脑的连接信息，如图 9.3 所示。

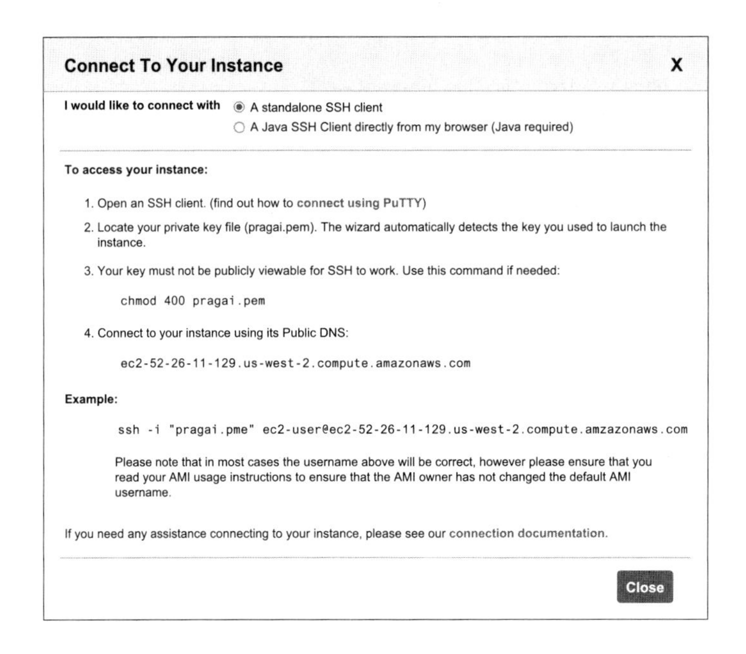


图 9.3 AWS Spot 实例连接

使用该信息，将为 Spot 实例创建 ssh 连接。

```
➜✗ ssh -i "~/.ssh/pragai.pem" ec2-user@52.26.11.129
The authenticity of host '52.26.11.129 (52.26.11.129)'
ECDSA key fingerprint is SHA256:1TaVeVv0L7GE...
Are you sure you want to continue connecting (yes/no)? yes
Warning: Permanently added '52.26.11.129'
```

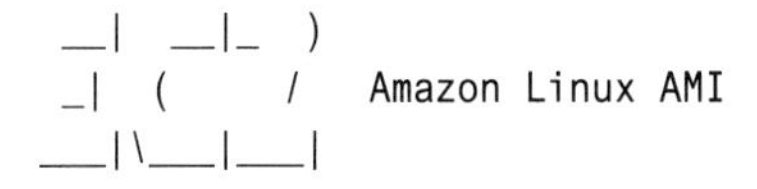


```
https://aws.amazon.com/amazon-linux-ami/2017.03-release-notes/
9 package(s) needed for security, out of 13 available
Run "sudo yum update" to apply all updates.
[ec2-user@ip-172-31-8-237 ~]$
```

在 Amazon Linux shell 中，uptime 命令将报告实例运行时间。由下面可知此实例已运行 1 小时 31 分钟，还有 20 多分钟才终止。

```
[ec2-user@ip-172-31-8-237 ~]$ uptime
 15:18:52 up  1:31,  1 user,  load average: 0.00, 0.00, 0.00
```

切换到 root 用户，可查证停止计算机的作业。

```
[ec2-user@ip-172-31-8-237 ~]$ sudo su -
[root@ip-172-31-8-237 ~]# at -l
1   2017-09-20 15:42 a root
```

接下来，可检查要在将来运行的实际命令。

```
#!/bin/sh
# atrun uid=0 gid=0
# mail root 0
umask 22
PATH=/sbin:/usr/sbin:/bin:/usr/bin; export PATH
RUNLEVEL=3; export RUNLEVEL
runlevel=3; export runlevel
PWD=/; export PWD
LANGSH_SOURCED=1; export LANGSH_SOURCED
LANG=en_US.UTF-8; export LANG
PREVLEVEL=N; export PREVLEVEL
previous=N; export previous
CONSOLETYPE=serial; export CONSOLETYPE
SHLVL=4; export SHLVL
UPSTART_INSTANCE=; export UPSTART_INSTANCE
UPSTART_EVENTS=runlevel; export UPSTART_EVENTS
UPSTART_JOB=rc; export UPSTART_JOB
cd / || {
     echo 'Execution directory inaccessible' >&2
     exit 1
}
${SHELL:-/bin/sh} << 'marcinDELIMITER6382915b'
halt
```

Amazon 做出的一些激动人心的变化使得这种研发风格更具吸引人。自 2017 年 10 月 3 日起，Amazon 提供了按秒计费服务，最低收费为 1 分钟。这完全改变了使用 Spot 实例的方式。一个最明显的变化是，现在简单地使用 Spot 实例来运行特定功能是切实可行的，当这些特定功能执行完后（如 30 秒）就可关闭实例。

对于许多生产项目来说，要超越这个简单的 Spot 启动程序，下一步就是将生产软件部署到正在启动的实例上。有很多方法可以完成此项任务。

- 刚才说明了在启动时将 shell 脚本传递给实例的方法，可从官方 AWS 文档（http://docs.aws.amazon .com/AWSEC2/latest/UserGuide/user-data.html）中查看一些更复杂的示例。
- 修改 Amazon 系统镜像（Amazon Machine Image，AMI），然后在启动时使用该快照。有两种方法用于完成此工作。一种方法是只启动一个实例，然后对其进行配置并保存。另一种方法是使用 AMI Builder Packer（https://www.packer.io/docs/builders/amazon-ebs.html）。启动实例后，计算机将拥有所需的软件。该方法也可以与其他方法联用（如预构建的 AMI 和自定义 shell 脚本）。
- 引导时，使用 EFS 存储数据和软件并将二进制文件和脚本链接到相应环境中。这是一种在 Solaris 和其他 Unix 系统的 NFS 时代常见的方法，并且是定制 Spot 实例环境极好的方式。可通过使用 rsync 命令或 copy 命令的构建服务器来更新 EFS（Elastic File System）卷。
- AWS 批处理与 Docker 容器一起使用也是可行的选项。

### 9.1.4 编写更复杂的 Spot 实例启动程序

一个更复杂的 Spot 启动程序会在系统上安装一些软件，从存储库中提取源代码并运行，然后将代码输出存入 S3 中。为此，需要更换几个部件。首先，需要修改 buildspec.yml 文件，以便将源代码复制到 S3。注意，带有 --delete 的 sync 命令极为有用，因为它能智能地同步已更改的文件并删除不再存在的文件。

```
  post_build:
    commands:
      - echo "COPY Code TO S3"
      - rm -rf ~/.aws
      - aws s3 sync $CODEBUILD_SRC_DIR \
s3://pragai-aws/master --delete
```

通常，在本地运行这样的构建命令以确保能理解它们在做什么。接下来，需要在机器启动时安装 Python 和虚拟环境，这可以通过修改在引导时传递给实例的 runcmd 来完成。第一个修改的部分抓取 Python 并将其与 Python 需要安装的软件包一起安装。注意，这里使用 ensurepip 以确保 Makefile 正常工作。

```
cmds = """
        #cloud-config
        runcmd:
         - echo "halt" | at now + {duration} min
         - wget https://www.python.org/ftp/\
python/3.6.2/Python-3.6.2.tgz
         - tar zxvf Python-3.6.2.tgz
         - yum install -y gcc readline-devel\
 sqlite-devel zlib-devel openssl-devel
         - cd Python-3.6.2
         - ./configure --with-ensurepip=install && make install
```

接下来，将同步到 S3 的源代码下拉到本地，这是将代码部署到实例的一种简便方法。它速度很快，采用 Git ssh 密钥并且避免使用密码，这是因为 Spot 实例具有与 S3 通信的角色特权。S3 数据本地复制后，使用 virtualenv 获取数据，然后运行机器学习 Spot 定价工具并将输出送到 S3。

```
        - cd ..
        - aws s3 cp s3://pragai-aws/master master\
--recursive && cd master
        - make setup
        - source ~/.pragia-aws/bin/activate && make install
        - ~/.pragia-aws/bin/python spot-price-ml.py\
describe > prices.txt
        - aws s3 cp prices.txt s3://spot-jobs-output
   """.format(duration=duration)
   return cmds
```

下一步自然是获取原型并使其更加模块化，以便任何机器学习操作都能作为脚本执行，而不仅仅局限于硬编码示例。在图 9.4 中，高度概括的管道展示了 Spot 作业流程在实践中的工作原理。

## 9.2 小结

本章介绍了机器学习的常常被忽视的一个细节，即 AWS 上实际运行的作业。

Spot 实例解决了下面几个重要问题：一是找到合适的实例大小，二是找出最经济的使用方式，三是对实例安装软件以及部署代码。

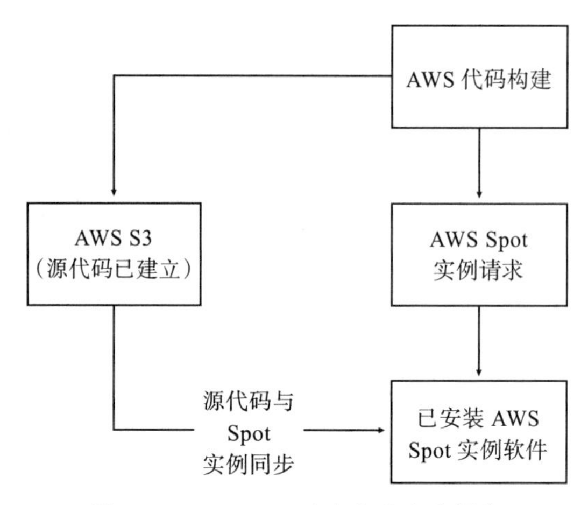


图 9.4 AWS Spot 动态作业生命周期

最近 Amazon 对 AWS 做出的按秒计费和增加 AWS 批处理等服务，使 AWS 成为云竞赛中强有力的竞争者。这种按秒计费和 Spot 定价结合的方式之前还从未遇到过。在 AWS 创建的基础设施之上创建生产中的机器学习系统是非常安全的选择，而且比以往任何时候都更加容易控制研发成本。

为了使本章介绍的 AI 解决方案更为实用，进一步的探索可以是，在 AWS 批处理中触发启动作业，这些作业能侦听价格信息并联合使用线性优化与集群，以便动态地计算出所运行机器的最优时间组合。为了长远发展，还可以考虑将现有技术与 HashiCorp 公司的 Nomad 集群调度引擎等技术（https://www.nomadproject.io/）相结合，以 Docker 镜像形式在所有云上动态运行作业。

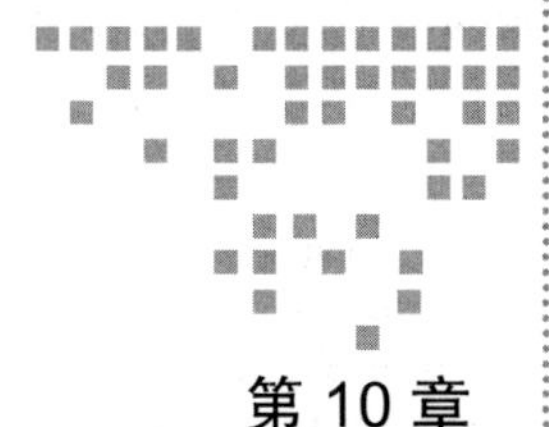

第 10 章 Chapter 10

# 房地产数据研究

一旦你踏上赛场，你是否被喜欢就不重要了。重要的是发挥出高水平，不惜一切代价帮助团队获胜。这就是比赛的意义。

——勒布朗·詹姆斯

你知道有哪些可供研究的优良数据集吗？这是我在担任一名讲师或者在教学研讨会上被问得最多的一个问题。我给出的首选答案是 Zillow 房地产数据集（https://www.zillow.com/research/data/）。美国房地产市场是生活在美国的每个人都必须面对的问题，因此它是机器学习的一个很好的研究主题。

## 10.1 美国房地产价值探索

在旧金山湾区居住的人会经常长时间地思考房价问题，原因是旧金山湾区房价中位数正以惊人的速度飞速上涨。从 2010 年到 2017 年，旧金山单户住宅平均价格大约从 77.5 万美元涨到 150 万美元。这里将使用 Jupyter Notebook 研究这些数据，完整的项目和数据可从 https://github.com/noahgift/real_estate_ml 网站上获取。

在 Notebook 开头，首先导入几个库并将 Pandas 设置为显示浮点数和科学记数法。

```
In [1]: import pandas as pd
   ...: pd.set_option('display.float_format', lambda x: '%.3f' % x)
   ...: import numpy as np
   ...: import statsmodels.api as sm
   ...: import statsmodels.formula.api as smf
   ...: import matplotlib.pyplot as plt
   ...: import seaborn as sns
Double import seaborn?

   ...: import seaborn as sns; sns.set(color_codes=True)
   ...: from sklearn.cluster import KMeans
   ...: color = sns.color_palette()
   ...: from IPython.core.display import display, HTML
   ...: display(HTML("<style>.container \
{ width:100% !important; }</style>"))
   ...: %matplotlib inline
```

下一步，从 Zillow 导入并描述单户住宅数据。

```
In [6]: df.head()
In [7]: df.describe()
Out[7]:
         RegionID  RegionName  SizeRank      1996-04      1996-05
count   15282.000   15282.000 15282.000    10843.000    10974.000
mean    80125.483   46295.286  7641.500   123036.189   122971.396
std     30816.445   28934.030  4411.678    78308.265    77822.431
min     58196.000    1001.000     1.000    24400.000    23900.000
25%     66785.250   21087.750  3821.250    75700.000    75900.000
50%     77175.000   44306.500  7641.500   104300.000   104450.000
75%     88700.500   70399.500 11461.750   147100.000   147200.000
max    738092.000   99901.000 15282.000  1769000.000  1768100.000
```

接着，执行清理操作以重命名列并格式化列类型。

```
In [8]: df.rename(columns={"RegionName":"ZipCode"}, inplace=True)
   ...: df["ZipCode"]=df["ZipCode"].map(lambda x: "{:.0f}".format(x))
   ...: df["RegionID"]=df["RegionID"].map(
               lambda x: "{:.0f}".format(x))
   ...: df.head()
   ...:
Out[8]:
RegionID ZipCode City    State  Metro CountyName  SizeRank
84654    60657   Chicago   IL   Chicago       Cook     1.000
```

```
84616   60614   Chicago    IL   Chicago       Cook     2.000
93144   79936   El Paso    TX   El Paso    El Paso     3.000
84640   60640   Chicago    IL   Chicago       Cook     4.000
61807   10467  New York    NY  New York      Bronx     5.000
```

获取整个美国的房价中位数数据将有助于 Notebook 中的许多不同类型的分析。在下面示例中，将聚合与地域或城市匹配的多个值，并为其创建中位数计算。创建名为 df_comparison 的新数据帧，df_comparison 将与 Plotly 库一起使用。

```
In [9]: median_prices = df.median()

In [10]: median_prices.tail()
Out[10]:
2017-05   180600.000
2017-06   181300.000
2017-07   182000.000
2017-08   182500.000
2017-09   183100.000
dtype: float64

In [11]: marin_df = df[df["CountyName"] == "Marin"].median()
    ...: sf_df = df[df["City"] == "San Francisco"].median()
    ...: palo_alto = df[df["City"] == "Palo Alto"].median()
    ...: df_comparison = pd.concat([marin_df, sf_df,
                 palo_alto, median_prices], axis=1)
    ...: df_comparison.columns = ["Marin County",
                 "San Francisco", "Palo Alto", "Median USA"]
    ...:
```

## 10.2 Python 中的交互式数据可视化

Python 中有两个常用的交互式数据可视化库：Plotly（https://github.com/plotly/plotly.py）和 Bokeh（https://bokeh.pydata.org/en/latest/）。本章将使用 Plotly 进行数据可视化，不过 Bokeh 也能完成类似的绘图。Plotly 可以在离线模式下使用，也可导出到 Plotly 公司网站来使用。Plotly 还有一个称为 Dash (https://plot.ly/products/dash/) 的开源 Python 框架，该框架可用于构建 Web 分析应用。本章许多内容都可在 https://plot.ly/~ngift 网站找到。

在本例中，名为 Cufflinks 的库直接用于 Pandas 数据帧到 Plotly 的绘图。Cufflinks 被看作 Pandas 的“提高效率的强大工具”。 Cufflinks 库作为 Pandas 的基本特征，其主要优势是绘图功能。

```
In [12]: import cufflinks as cf
    ...: cf.go_offline()
    ...: df_comparison.iplot(title="Bay Area Median\
Single Family Home Prices 1996-2017",
    ...:                         xTitle="Year",
    ...:                         yTitle="Sales Price",
    ...:                        #bestfit=True, bestfit_colors=["pink"],
    ...:                        #subplots=True,
    ...:                        shape=(4,1),
    ...:                         #subplot_titles=True,
    ...:                         fill=True,)
    ...:
```

图 10.1 显示了未打开交互的绘图视图。对于进入住房市场的买家而言，帕洛阿尔托（Palo Alto）地区的房价看起来是真正吓人。在图 10.2 中，当鼠标悬停在 2009 年 12 月时，它会显示上一次房地产崩盘时接近房价底部的一个点。其中，帕洛阿尔托地区的房价中位数为 120 万美元，旧金山的房价中位数在 75 万美元左右，整个美国的房价中位数为 17 万美元。

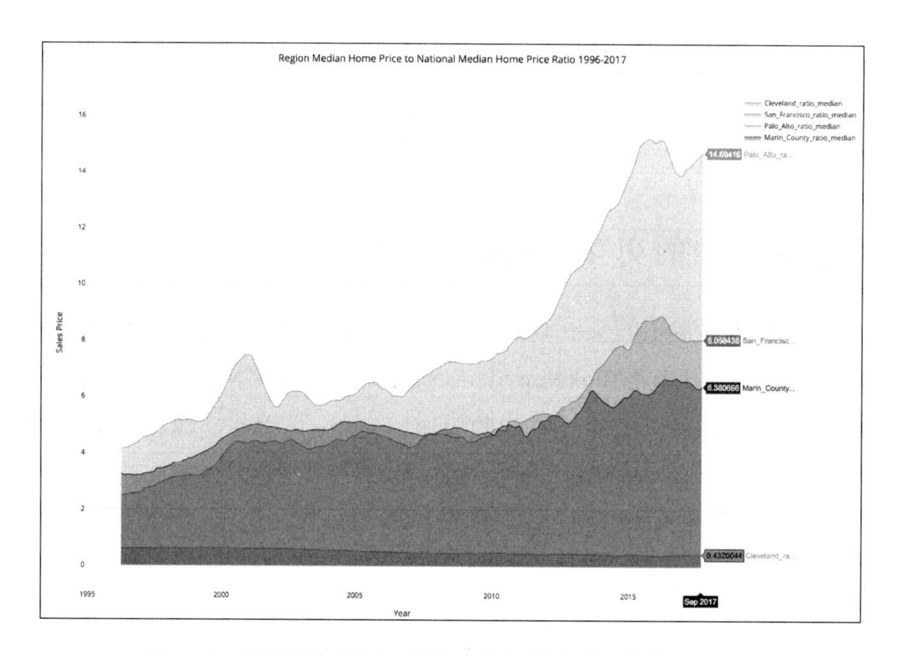


图 10.1 帕洛阿尔托地区的住房市场能永远呈指数增长吗

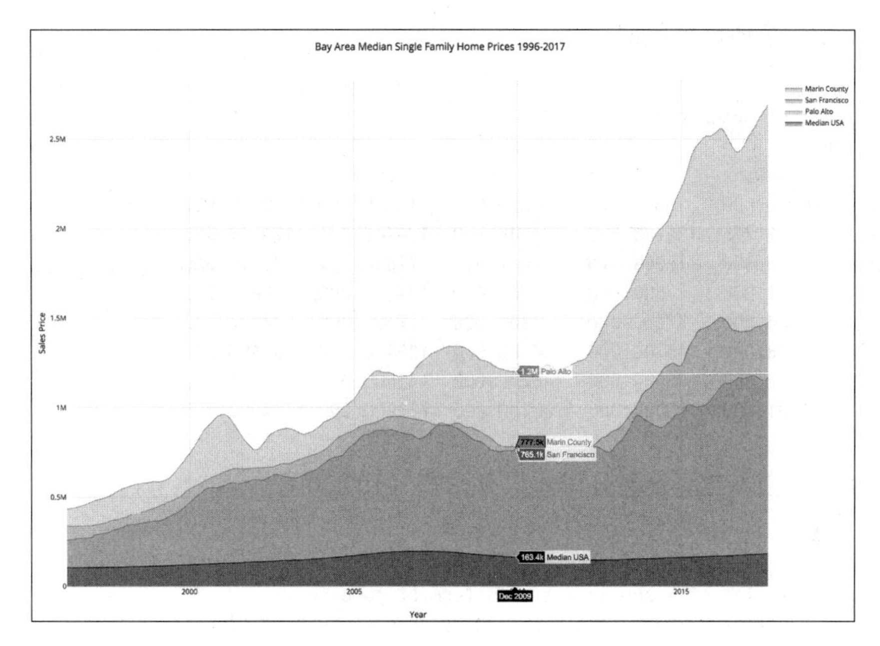


图 10.2 住房市场在 2009 年 12 月触底

从图中可看出，2017 年 12 月，帕洛阿尔托地区的房价约为 270 万美元，是 8 年前的两倍多。另一方面，美国其他地区的房价中位数仅上涨了 5% 左右。这一现象非常值得进一步探索。

## 10.3 规模等级和价格聚类

为进一步探索所发生的事件，可用 sklearn 和 Plotly 绘图生成 k 均值聚类的 3D 可视化效果。首先，使用 MinMaxScaler 对数据进行缩放，这样异常值就不会影响聚类的结果。

```
In [13]: from sklearn.preprocessing import MinMaxScaler

In [14]: columns_to_drop = ['RegionID', 'ZipCode',
         'City', 'State', 'Metro', 'CountyName']
    ...: df_numerical = df.dropna()
    ...: df_numerical = df_numerical.drop(columns_to_drop, axis=1)
    ...:
```

接下来，快速浏览数据。

```
In [15]: df_numerical.describe()
Out[15]:
       SizeRank      1996-04      1996-05      1996-06      1996-07
count 10015.000    10015.000    10015.000    10015.000    10015.000
mean   6901.275   124233.839   124346.890   124445.791   124517.993
std    4300.338    78083.175    77917.627    77830.951    77776.606
min       1.000    24500.000    24500.000    24800.000    24800.000
25%    3166.500    77200.000    77300.000    77300.000    77300.000
50%    6578.000   105700.000   106100.000   106400.000   106400.000
75%   10462.000   148000.000   148200.000   148500.000   148700.000
max   15281.000 1769000.000 1768100.000 1766900.000 1764200.000
```

删除缺失值并执行聚类分析后，大约输出 10 000 行。

```
In [16]: scaler = MinMaxScaler()
    ...: scaled_df = scaler.fit_transform(df_numerical)
    ...: kmeans = KMeans(n_clusters=3, random_state=0).fit(scaled_df)
    ...: print(len(kmeans.labels_))
    ...:
10015
```

添加升值率列，并在可视化前对数据进行清理。

```
cluster_df = df.copy(deep=True)
cluster_df.dropna(inplace=True)
cluster_df.describe()
cluster_df['cluster'] = kmeans.labels_
cluster_df['appreciation_ratio'] =\
         round(cluster_df["2017-09"]/cluster_df["1996-04"],2)
cluster_df['CityZipCodeAppRatio'] =\
 cluster_df['City'].map(str) + "-" + cluster_df['ZipCode'] + "-" +
cluster_df["appreciation_ratio"].map(str)
cluster_df.head()
```

然后在离线模式下使用 Plotly 绘图（即不发送到 Plotly 服务器），图中有三个轴：$x$ 是升值率，$y$ 是 1996 年，$z$ 是 2017 年。阴影部分是聚类。在图 10.3 中，某些模式会立即显现出来。泽西市的房价在过去 30 年里升值最多，从最低的 14.2 万美元涨到最高的 134.4 万美元，增长了 9 倍。

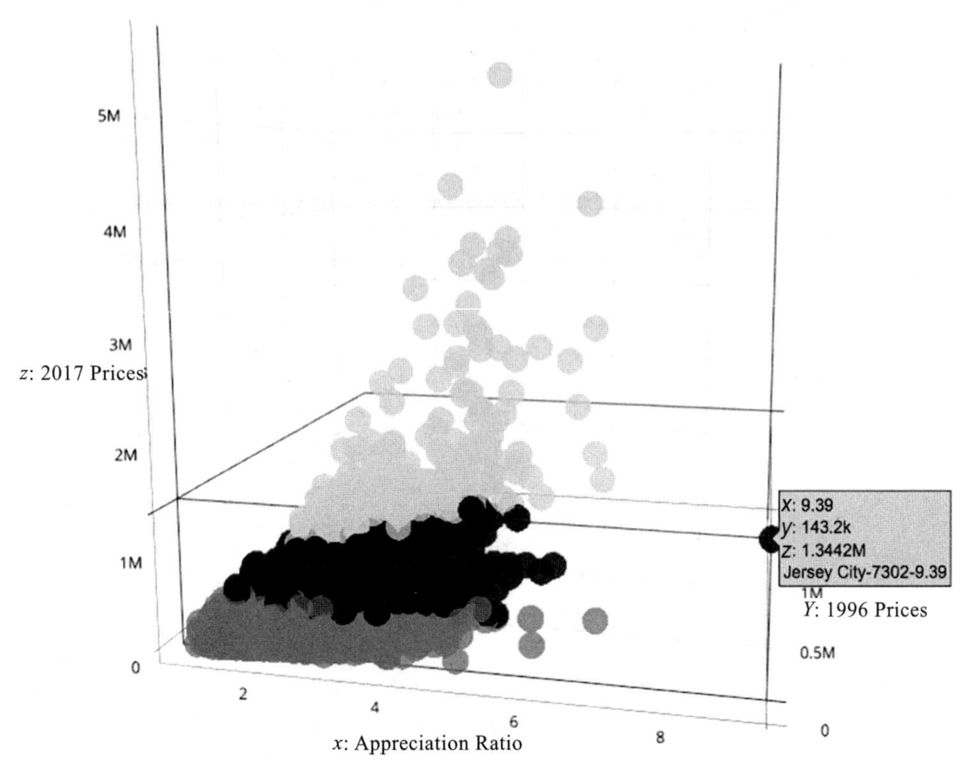


图 10.3　泽西市的房价升值到底是怎么回事

其他可见内容包括帕洛阿尔托地区的几个地区邮政编码，对应地区的价值也增长了约 6 倍，住房起步价的昂贵程度令人惊讶。在过去 10 年中，帕洛阿尔托地区的初创公司（包括 Facebook）的兴起导致定价螺旋式上升，甚至影响到整个旧金山湾区。

另一个有趣的可视化是相同列的升值率，它用来对帕洛阿尔托地区的房价趋势做进一步观察。该代码与图 10.3 对应的代码类似。

```
In [17]: from sklearn.neighbors import KNeighborsRegressor
    ...: neigh = KNeighborsRegressor(n_neighbors=2)
    ...:

In [19]: #df_comparison.columns = ["Marin County",
```

```
            "San Francisco", "Palo Alto", "Median USA"]
    ...: cleveland = df[df["City"] == "Cleveland"].median()
    ...: df_median_compare = pd.DataFrame()
    ...: df_median_compare["Cleveland_ratio_median"] =\
                cleveland/df_comparison["Median USA"]
    ...: df_median_compare["San_Francisco_ratio_median"] =\
                df_comparison["San Francisco"]/df_comparison["Median USA"]
    ...: df_median_compare["Palo_Alto_ratio_median"] =\
                df_comparison["Palo Alto"]/df_comparison["Median USA"]
    ...: df_median_compare["Marin_County_ratio_median"] =\
                df_comparison["Marin County"]/df_comparison["Median USA"]
    ...:

In [20]: import cufflinks as cf
    ...: cf.go_offline()
    ...: df_median_compare.iplot(title="Region Median Home Price to National Median
Home Price Ratio 1996-2017",
    ...:                         xTitle="Year",
    ...:                         yTitle="Ratio to National Median",
    ...:                        #bestfit=True, bestfit_colors=["pink"],
    ...:                        #subplots=True,
    ...:                        shape=(4,1),
    ...:                         #subplot_titles=True,
    ...:                         fill=True,)
    ...:
```

在图 10.4 中，帕洛阿尔托地区的房价中位数自 2008 年房地产崩盘以来呈指数级增长，而旧金山湾区其他地区的房价似乎波动较小。一种合理的假设是，可能在旧金山湾区的帕洛阿尔托地区存在不可持续的泡沫。最终，指数增长结束。

还有一项需关注的内容是看租金指数，看是否有其他选择模式。

导入并清理初始数据，Metro 列重命名为 City 列。

```
In [21]: df_rent = pd.read_csv(
         "../data/City_MedianRentalPrice_Sfr.csv")
    ...: df_rent.head()
    ...: median_prices_rent = df_rent.median()
    ...: df_rent[df_rent["CountyName"] == "Marin"].median()
    ...: df_rent.columns
    ...:
Out[21]:
Index(['RegionName', 'State', 'Metro',
       'CountyName', 'SizeRank', '2010-01',
```

```
In [22]: df_rent.rename(columns={"Metro":"City"}, inplace=True)
    ...: df_rent.head()
    ...:
Out[22]:
     RegionName State                         City   CountyName
0      New York    NY                     New York       Queens
1   Los Angeles    CA  Los Angeles-Long Beach-Anaheim  Los Angeles
2       Chicago    IL                      Chicago         Cook
3       Houston    TX                      Houston       Harris
4  Philadelphia    PA                 Philadelphia Philadelphia
```

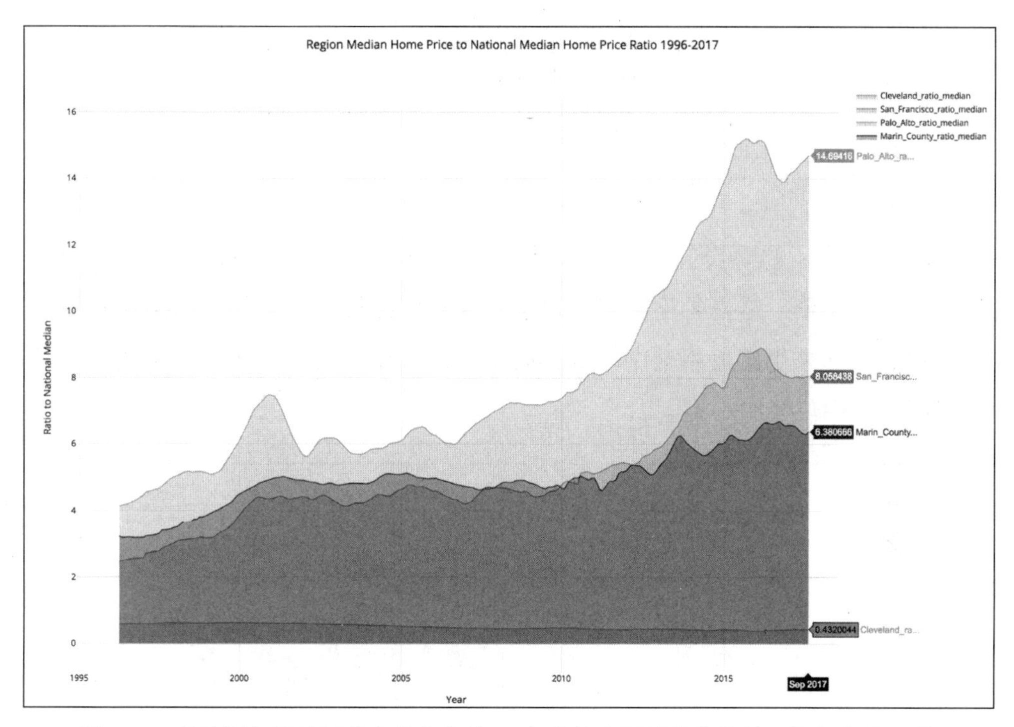


图 10.4　帕洛阿尔托地区的房价在大约 10 年中从全国平均价格的 5 倍上升到 15 倍

接下来，在新的数据帧中创建中位数。

```
In [23]: median_prices_rent = df_rent.median()
    ...: marin_df = df_rent[df_rent["CountyName"] ==\
                 "Marin"].median()
    ...: sf_df = df_rent[df_rent["City"] == "San Francisco"].median()
    ...: cleveland = df_rent[df_rent["City"] == "Cleveland"].median()
    ...: palo_alto = df_rent[df_rent["City"] == "Palo Alto"].median()
    ...: df_comparison_rent = pd.concat([marin_df,
         sf_df, palo_alto, cleveland, median_prices_rent], axis=1)
```

```
   ...: df_comparison_rent.columns = ["Marin County",
"San Francisco", "Palo Alto", "Cleveland", "Median USA"]
   ...:
```

最后，再次用 Cufflinks 绘制租金中位数。

```
In [24]: import cufflinks as cf
    ...: cf.go_offline()
    ...: df_comparison_rent.iplot(
       title="Median Monthly Rents Single Family Homes",
    ...:                    xTitle="Year",
    ...:                    yTitle="Monthly",
    ...:                   #bestfit=True, bestfit_colors=["pink"],
    ...:                   #subplots=True,
    ...:                   shape=(4,1),
    ...:                    #subplot_titles=True,
    ...:                    fill=True,)
    ...:
```

在图 10.5 中，趋势看起来没那么明显，部分原因是数据分布在较短时间段内，但这不是全部图形。尽管帕洛阿尔托地区不在该数据集中，但旧金山湾区其他城市的房屋租金看起来更接近租金中位数，而俄亥俄州克利夫兰市的房屋租金似乎只有美国房屋租金中位数的一半。

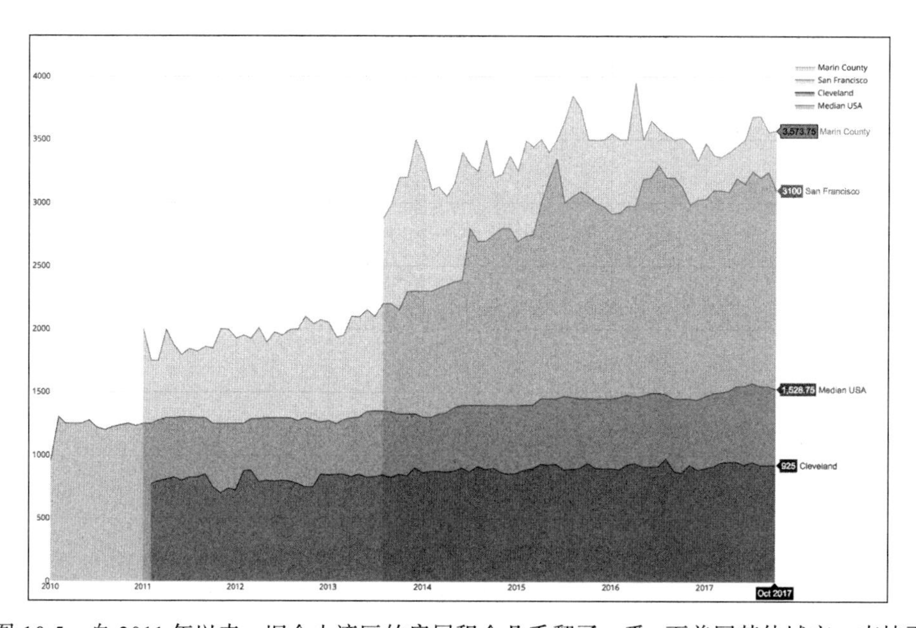


图 10.5 自 2011 年以来，旧金山湾区的房屋租金几乎翻了一番，而美国其他城市一直持平

最后一项分析是美国各地的租赁比（房价除以每年房租）大致相同。在该代码中，使用新的空数据帧创建租金比，然后将租金比再次插入 Plotly 中。

```
In [25]: df_median_rents_ratio = pd.DataFrame()
    ...: df_median_rents_ratio["Cleveland_ratio_median"] =\
         df_comparison_rent["Cleveland"]/df_comparison_rent["Median USA"]
    ...: df_median_rents_ratio["San_Francisco_ratio_median"] =\
         df_comparison_rent["San Francisco"]/df_comparison_rent["Median USA"]
    ...: df_median_rents_ratio["Palo_Alto_ratio_median"] =\
         df_comparison_rent["Palo Alto"]/df_comparison_rent["Median USA"]
    ...: df_median_rents_ratio["Marin_County_ratio_median"] =\
         df_comparison_rent["Marin County"]/df_comparison_rent["Median USA"]
    ...:

In [26]: import cufflinks as cf
    ...: cf.go_offline()
    ...: df_median_rents_ratio.iplot(title="Median Monthly Rents Ratios Single Family
         Homes vs National Median",
    ...:                     xTitle="Year",
    ...:                     yTitle="Rent vs Median Rent USA",
    ...:                    #bestfit=True, bestfit_colors=["pink"],
    ...:                    #subplots=True,
    ...:                    shape=(4,1),
    ...:                     #subplot_titles=True,
    ...:                     fill=True,)
    ...:
```

图 10.6 展示了升值率的不同表现。在旧金山，房屋租金中位数仍然是美国其他地区房屋租金中位数的两倍，但远未达到房价中位数 8 倍的增长速度。从租金数据来看，在 2018 年，买房前仔细核查这些租金数据或许是值得的（尤其是对帕洛阿尔托地区）。即使租金很高，租房也可能划算得多。

## 10.4 小结

本章对公共 Zillow 房地产数据集进行了研究。用 Plotly 库基于 Python 创建交互式数据可视化。k 均值聚类和 3D 可视化用于从相对简单的数据集中巧妙获取更多的信息。研究结果包括 2017 年旧金山湾区可能存在的房地产泡沫（尤其是帕洛阿尔托地区）。为了对美国各地区建立何时出售、何时购买房屋的分类模型，对房地产数据集做更多的探索研究或许是值得的。

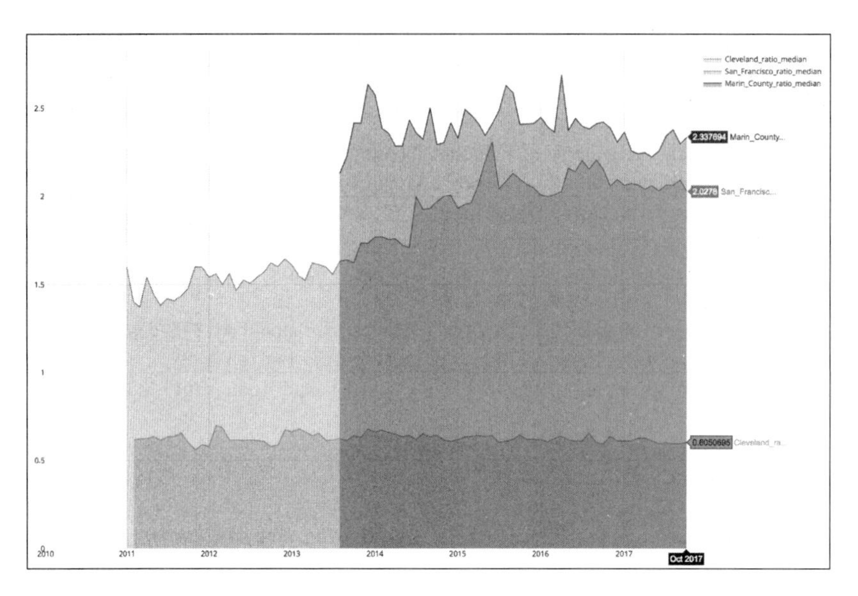


图 10.6 旧金山湾区的房屋月租金与全美平均水平相比呈爆炸式增长

应用本章示例项目的一些其他未来方向是考虑使用诸如 Canary（https://api-docs.housecanary.com/#getting-started）提供的更高级 API。公司可使用这些第三方预测模型作为工作基础，然后在其顶部分层部署其他的 AI 和机器学习技术来创建 AI 应用程序。其他方向还可以是使用 AWS SageMaker 来创建深度学习预测模型，然后在公司内部部署用于制定业务决策的模型。

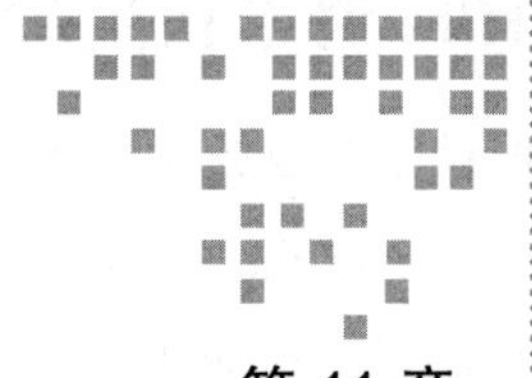

第 11 章 Chapter 11

# 用户生成内容的生产环境 AI

在寸步维艰时，还能坚持前行的人，就是赢家。

——罗杰班·尼斯特

推荐引擎是社交网络和用户生成内容（User-Generated Content，UGC）的核心反馈回路。用户加入网络并作为推荐的用户参与其中而获得满足。推荐引擎可能会被戏要，因为它扩大了思想泡沫的影响。2016 年的美国总统大选表明，理解推荐引擎的工作原理及其优势和限制极为重要。

基于 AI 的系统不只是创造美好事物的灵丹妙药，相反，它们只提供一组功能。在购物网站获得合适的产品推荐可能会很有用，但是，如果所获得的推荐内容后来被证明是假的（可能是外来势力搬弄是非所致），同样会令人沮丧。

本章介绍高级和代码级的推荐引擎、自然语言处理（NLP），还将提供如何使用框架的示例，比如，基于 Python 的推荐引擎、Surprise 框架以及如何构建自己的指令。其他部分主题还包括 Netflix 奖、奇异值分解（SVD）、协同过滤、推荐引擎的实际问题、NLP 以及使用云 API 的生产情绪分析。

## 11.1 Netflix 奖未在生产中实施

在“数据科学”成为常见术语以及 Kaggle 竞赛平台还未出现之前，Netflix 公司的奖项曾风靡全球。Netflix 奖是一项旨在改善新电影推荐质量的竞赛。此竞赛中的许多原创想法后来都成为其他公司和产品的灵感来源。早在 2006 年创建的一项价值 100 万美元的数据科学竞赛十分激动人心，这预示着人工智能时代的来临。具有讽刺意味的是，2006 年随着亚马逊 EC2 的发布，云计算时代也同时到来。

云和人工智能广泛传播的曙光相互交织在一起。Netflix 公司也是通过 AWS 使用公共云的最大用户之一。尽管有这些有趣的历史脚注，但获得 Netflix 奖的算法从未投入生产。2009 年的获奖者“BellKor's Pragmatic Chaos”团队，以 0.867 的测试均方根（Root Mean Square，RMS）获得了超过 10% 的性能提升（https://netflixprize.com/index.html）。该团队的论文（https://www.netflixprize.com/assets/ProgressPrize2008_BellKor.pdf）描述了他们的解决方案是 100 多个结果的线性混合。文章中引用的一句话特别中肯，即“所得到的教训是，使用大量的模型对于提高比赛的成绩十分有益，从而赢得比赛，但实际上，只需几个精心挑选的模型就能构建出色的系统。”

Netflix 竞赛的获奖算法并未在 Netflix 的生产中实施，因为它与产生的收益相比，工程复杂性太大。推荐中使用的核心算法 SVD，正如“Fast SVD for Large Scale Matrices”（http://sysrun.haifa.il.ibm.com/hrl/bigml/files/Holmes.pdf）文章所述：尽管它对于小型数据集或离线处理可行，但许多现代应用需涉及实时学习或海量数据集的维度及大小。在实践中，这是生产机器学习的一个巨大挑战（生成结果所耗费的时间和计算资源极大）。

我过去在公司建立推荐引擎也有类似的经验。当算法以批处理方式运行时，它很简单，可以生成有用的推荐。但是，如果采用更复杂的方法，或者需求从批量变成实时，将其投入生产或维护的复杂性就会呈爆炸式增长。对此得到的教训是越简单越好：选择基于批处理的机器学习而不是实时处理的机器学习；或选择简单的模型而不是多种技术的集成。此外，还要判决调用推荐引擎 API 而不是自己创建解决方案是否有意义。

## 11.2　推荐系统的基本概念

图 11.1 显示了社交网络推荐引擎反馈回路。系统拥有的用户越多，创建的内容就越多。创建的内容越多，它为新内容创建的推荐就越多。反过来，这种反馈回路可吸引更多用户和更多内容。如本章开头所述，这些功能对于平台有正面也有负面用途。

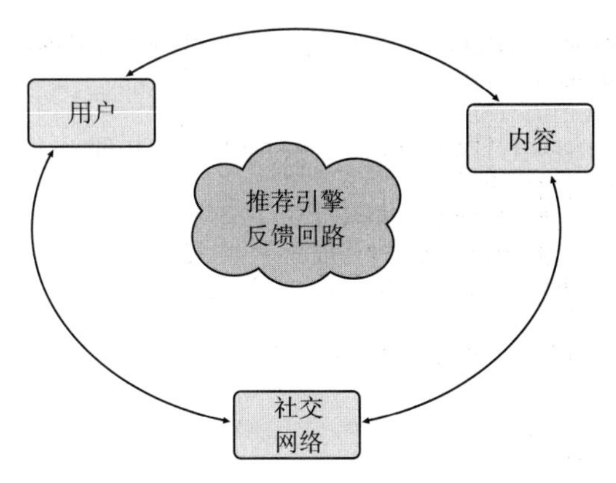


图 11.1　社交网络推荐反馈循环

## 11.3　在 Python 中使用 Surprise 框架

探索推荐引擎概念的一种方式是，使用 Surprise 框架（http://surpriselib.com/）。该框架的一些方便之处在于它具有内置数据集：MovieLens 数据集（https://grouplens.org/datasets/movielens/）和 Jester 数据集，并且它还包含 SVD 和其他常见算法（包括相似性度量）。该框架还包含一些用来评估推荐性能的工具（以均方根误差（RMSE）、平均绝对误差（MAE）以及模型训练时间形式呈现）。

下面展示如何调整提供的示例并在准生产环境下使用。

首先是加载导入所需的库。

```
In [2]: import io
   ...: from surprise import KNNBaseline
   ...: from surprise import Dataset
   ...: from surprise import get_dataset_dir
   ...: import pandas as pd
```

创建帮助函数以将 ID 转换为名称。

```
In [3]: def read_item_names():
   ...:     """Read the u.item file from MovieLens
        100-k dataset and return two
   ...:     mappings to convert raw ids
        into movie names and movie names into raw ids.
   ...:     """
   ...:
   ...:     file_name = get_dataset_dir() + '/ml-100k/ml-100k/u.item'
   ...:     rid_to_name = {}
   ...:     name_to_rid = {}
   ...:     with io.open(file_name, 'r', encoding='ISO-8859-1') as f:
   ...:         for line in f:
   ...:             line = line.split('|')
   ...:             rid_to_name[line[0]] = line[1]
   ...:             name_to_rid[line[1]] = line[0]
   ...:
   ...:     return rid_to_name, name_to_rid
```

计算项目之间的相似性。

```
In [4]: # First, train the algorithm
        # to compute the similarities between items
   ...: data = Dataset.load_builtin('ml-100k')
   ...: trainset = data.build_full_trainset()
   ...: sim_options = {'name': 'pearson_baseline',
         'user_based': False}
   ...: algo = KNNBaseline(sim_options=sim_options)
   ...: algo.fit(trainset)
   ...:
   ...:
Estimating biases using als...
Computing the pearson_baseline similarity matrix...
Done computing similarity matrix.
Out[4]: <surprise.prediction_algorithms.knns.KNNBaseline>
```

最后，提供“10 条推荐”，这与本章的另一个示例类似。

```
In [5]: # Read the mappings raw id <-> movie name
   ...: rid_to_name, name_to_rid = read_item_names()
   ...:
   ...: # Retrieve inner id of the movie Toy Story
   ...: toy_story_raw_id = name_to_rid['Toy Story (1995)']
   ...: toy_story_inner_id = algo.trainset.to_inner_iid(
        toy_story_raw_id)
```

```
   ...:
   ...: # Retrieve inner ids of the nearest neighbors of Toy Story.
   ...: toy_story_neighbors = algo.get_neighbors(
        toy_story_inner_id, k=10)
   ...:
   ...: # Convert inner ids of the neighbors into names.
   ...: toy_story_neighbors = (algo.trainset.to_raw_iid(inner_id)
   ...:                        for inner_id in toy_story_neighbors)
   ...: toy_story_neighbors = (rid_to_name[rid]
   ...:                        for rid in toy_story_neighbors)
   ...:
   ...: print('The 10 nearest neighbors of Toy Story are:')
   ...: for movie in toy_story_neighbors:
   ...:     print(movie)
   ...:
The 10 nearest neighbors of Toy Story are:
Beauty and the Beast (1991)
Raiders of the Lost Ark (1981)
That Thing You Do! (1996)
Lion King, The (1994)
Craft, The (1996)
Liar Liar (1997)
Aladdin (1992)
Cool Hand Luke (1967)
Winnie the Pooh and the Blustery Day (1968)
Indiana Jones and the Last Crusade (1989)
```

在研究本示例时，请考虑在生产中实现本系统的实际问题。下面是一个伪代码 API 函数示例，可能贵公司会要求某人生成此函数。

```
def recommendations(movies, rec_count):
    """Your
    return recommendations"""

movies = ["Beauty and the Beast (1991)", "Cool Hand Luke (1967)",.. ]

print(recommendations(movies=movies, rec_count=10))
```

实现本系统要考虑的一些问题是：从一组影片中挑选出最佳影片与从中挑取一部影片相比，你会做哪些权衡？该算法在超大数据集上的表现如何？没有正确答案，但在将推荐引擎部署到生产环境时，你应该考虑这些问题。

## 11.4 推荐系统的云解决方案

Google 云端平台提供了在计算引擎上使用机器学习做产品推荐的示例（https://cloud.google.com/solutions/recommendations-using-machine-learning-on-compute-engine），在该示例中，PySpark 和 ALS 算法与专有云 SQL 一起使用。Amazon 也提供了使用它们的平台、Spark 和 EMR（Elastic Map Reduce）构建推荐引擎的示例（https://aws.amazon.com/blogs/big-data/building-a-recommendation- engine-with-spark-ml-on-amazon-emr-using-zeppelin/）。

在上面两个示例中，Spark 都是通过将计算划分到机器集群来提升算法的性能。后来，AWS 也在力推 SageMaker（https://docs.aws.amazon.com/sagemaker/latest/dg/whatis.html），SageMaker 可以本地执行分布式 Spark 作业或者与 EMR 集群通信。

## 11.5 推荐系统的实际生产问题

大多数关于推荐系统的书籍和文章都只关注推荐系统的技术层面。本书偏重于实用主义，因此涉及推荐系统的一些问题需要在此讨论。本节将介绍其中几个主题：性能、ETL（Extract-Transform-Load）、用户体验（UX）和 shills/bot。

所讨论的一种最流行的算法是 O（n_samples ^ 2 * n_features）或二次方。这意味着实时地训练模型并获得最优解非常困难。因此，大多数情况下，训练推荐系统需要以批处理作业形式进行，而无须像使用贪婪的启发式方法或仅为活跃用户、流行产品等创建推荐小子集的技巧。

当我开始创建用户关注的社交网络的推荐系统时，我发现有一些问题很突出。训练模型需要数小时，唯一可行的解决方案是每晚运行它。此外，我后来创建了训练数据的内存副本，因此算法只绑定在 CPU 上，而不是绑定在 I / O 上。

在短长期的生产推荐系统建立过程中，性能是至关重要的问题。你最初使用的方法可能无法随着公司用户和产品的增长而扩展。也许，最初拥有 10 000 个用户的平台，可接受使用 Jupyter Notebook、Pandas 和 scikit-learn，但事实证明，这不是可扩展的解决方案。

取而代之的是，采用基于 PySpark 的支持向量机训练算法（http://spark.apache.org/docs/2.1.0/api/python/pyspark.mllib.html），它能显著提升性能并减少维护时间。更进一步，你可能还会转为使用像 TPU 或 NVIDIA Volta 这样的专用机器学习芯片。在制订初始工作解决方案的同时，有能力进行规划是实现 AI 解决方案实际生产应用的关键技巧。

### 推荐引擎的现实问题：与生产 API 集成

我发现，创建推荐引擎的创业公司在生产过程中会遇到许多现实问题。这些问题在机器学习教科书中并未深入讨论，其中一个问题就是“冷启动问题”。在使用 Surprise 框架的示例中，已经拥有“正确答案”的大型数据库。而在现实世界中，你拥有的用户或产品却很少，因此无法训练模型，那你能做什么呢？

一种合适的解决方案是，让推荐引擎的路径遵循三个阶段：第一阶段是选择最受欢迎的用户、内容或产品作为推荐；随着在平台上创建更多的 UGC，第二阶段是使用相似性得分（无须训练模型）。下面是我在生产中用过几次的“人工编写的代码”。首先是 Tanimoto 分数或 Jaccard 距离对应的代码。

```
"""Data Science Algorithms"""
def tanimoto(list1, list2):
    """tanimoto coefficient

    In [2]: list2=['39229', '31995', '32015']
    In [3]: list1=['31936', '35989', '27489',
        '39229', '15468', '31993', '26478']
    In [4]: tanimoto(list1,list2)
    Out[4]: 0.1111111111111111

    Uses intersection of two sets to determine numerical score

    """

    intersection = set(list1).intersection(set(list2))
    return float(len(intersection))/(len(list1)) +\
         len(list2) - len(intersection)
```

接下来是HBD（Here Be Dragons）对应的代码。关注者关系可在 Pandas DataFrame 中下载并转换。

```
import os
import pandas as pd

from .algorithms import tanimoto

def follows_dataframe(path=None):
    """Creates Follows Dataframe"""

    if not path:
        path = os.path.join(os.getenv('PYTHONPATH'),
          'ext', 'follows.csv')

    df = pd.read_csv(path)
    return df

def follower_statistics(df):
    """Returns counts of follower behavior

    In [15]: follow_counts.head()
        Out[15]:
        followerId
        581bea20-962c-11e5-8c10-0242528e2f1b    1558
        74d96701-e82b-11e4-b88d-068394965ab2      94
        d3ea2a10-e81a-11e4-9090-0242528e2f1b      93
        0ed9aef0-f029-11e4-82f0-0aa89fecadc2      88
        55d31000-1b74-11e5-b730-0680a328ea36      64
        Name: followingId, dtype: int64

    """
    follow_counts = df.groupby(['followerId'])['followingId'].\
        count().sort_values(ascending=False)
    return follow_counts

def follow_metadata_statistics(df):
    """Generates metadata about follower behavior

    In [13]: df_metadata.describe()
        Out[13]:
        count    2145.000000
        mean        3.276923
        std        33.961413
        min         1.000000
        25%         1.000000
        50%         1.000000
```

```
        75%          3.000000
        max       1558.000000
        Name: followingId, dtype: float64

    """

    dfs = follower_statistics(df)
    df_metadata = dfs.describe()
    return df_metadata

def follow_relations_df(df):
    """Returns a dataframe of follower with all relations"""

    df = df.groupby('followerId').followingId.apply(list)
    dfr = df.to_frame("follow_relations")
    dfr.reset_index(level=0, inplace=True)
    return dfr

def simple_score(column, followers):
    """Used as an apply function for dataframe"""

    return tanimoto(column,followers)

def get_followers_by_id(dfr, followerId):
    """Returns a list of followers by followerID"""

    followers = dfr.loc[dfr['followerId'] == followerId]
    fr = followers['follow_relations']
    return fr.tolist()[0]

def generate_similarity_scores(dfr, followerId,
          limit=10, threshold=.1):
    """Generates a list of recommendations for a followerID"""
    followers = get_followers_by_id(dfr, followerId)
    recs = dfr['follow_relations'].\
        apply(simple_score, args=(followers,)).\
            where(dfr>threshold).dropna().sort_values()[-limit:]
    filters_recs = recs.where(recs>threshold)
    return filters_recs

def return_similarity_scores_with_ids(dfr, scores):
    """Returns Scores and FollowerID"""

    dfs = pd.DataFrame(dfr, index=scores.index.tolist())
    dfs['scores'] = scores[dfs.index]
    dfs['following_count'] = dfs['follow_relations'].apply(len)
    return dfs
```

可按下面顺序使用此 API。

```
In [1]: follows import *

In [2]: df = follows_dataframe()

In [3]: dfr = follow_relations_df(df)

In [4]: dfr.head()

In [5]: scores = generate_similarity_scores(dfr,
         "00480160-0e6a-11e6-b5a1-06f8ea4c790f")

In [5]: scores
Out[5]:
2144    0.000000
713     0.000000
714     0.000000
715     0.000000
716     0.000000
717     0.000000
712     0.000000
980     0.333333
2057    0.333333
3       1.000000
Name: follow_relations, dtype: float64

In [6]: dfs = return_similarity_scores_with_ids(dfr, scores)

In [6]: dfs
Out[6]:
                                followerId  \
980   76cce300-0e6a-11e6-83e2-0242528e2f1b
2057  f5ccbf50-0e69-11e6-b5a1-06f8ea4c790f
3     00480160-0e6a-11e6-b5a1-06f8ea4c790f
                                       follow_relations    scores  \
980   [f5ccbf50-0e69-11e6-b5a1-06f8ea4c790f, 0048016...  0.333333
2057  [76cce300-0e6a-11e6-83e2-0242528e2f1b, 0048016...  0.333333
3     [f5ccbf50-0e69-11e6-b5a1-06f8ea4c790f, 76cce30...         1

      following_count
980                 2
2057                2
3                   2
```

上面实现的这种“第二阶段”基于相似度得分的推荐将被作为批处理 API 运行。此外，Pandas 也会在大规模方面遇到一些性能问题。放弃 PySpark 或 Pandas on Ray（https://rise.cs.berkeley.edu/blog/pandas-on-ray/?twitter=@bigdata）将是一种不错的举措。

在“第三阶段”，终于要补充火力，使用像 Surprise 框架或 PySpark 这样的工具来训练基于 SVD 的模型并计算模型的准确性。然而，在公司发展的重要阶段，当机器学习模型训练几乎没有价值时，为什么还要费力去做？

另一个生产 API 问题是如何处理被拒绝的推荐。对于用户而言，没有什么比继续获取不想要的或已经拥有的东西的推荐更加恼人。因此，这也是一个棘手的需要得到解决的生产问题。理想情况下，用户可点击“不再显示”以获取推荐列表，否则推荐引擎很快就会成为垃圾。此外，当用户告诉你某件事情时，为什么不把该信息反馈给你的推荐引擎模型？

## 11.6　云端自然语言处理和情绪分析

三个主要云提供商（AWS、GCP 和 Azure）都拥有可通过 API 调用的可靠 NLP 引擎。本节将探讨这三个云端自然语言处理（NLP）示例。此外，将使用无服务器技术在 AWS 上创建用于 NLP 管道的实际生产 AI 管道。

### 11.6.1　Azure 上的 NLP

Microsoft Azure 云认知服务包含文本分析 API，该 API 具有语言检测、关键短语提取和情绪分析功能。在图 11.2 中，创建了端点，因此能进行 API 调用。下面的示例将从电影评论的康奈尔计算机科学数据集（http://www.cs.cornell.edu/people/pabo/movie- review-data/）中获取负面影评数据集，然后使用该数据集来调用文本分析 API。

首先，在 Jupyter Notebook 中导入第一个模块。

```
In [1]: import requests
   ...: import os
```

```
...: import pandas as pd
...: import seaborn as sns
...: import matplotlib as plt
...:
```

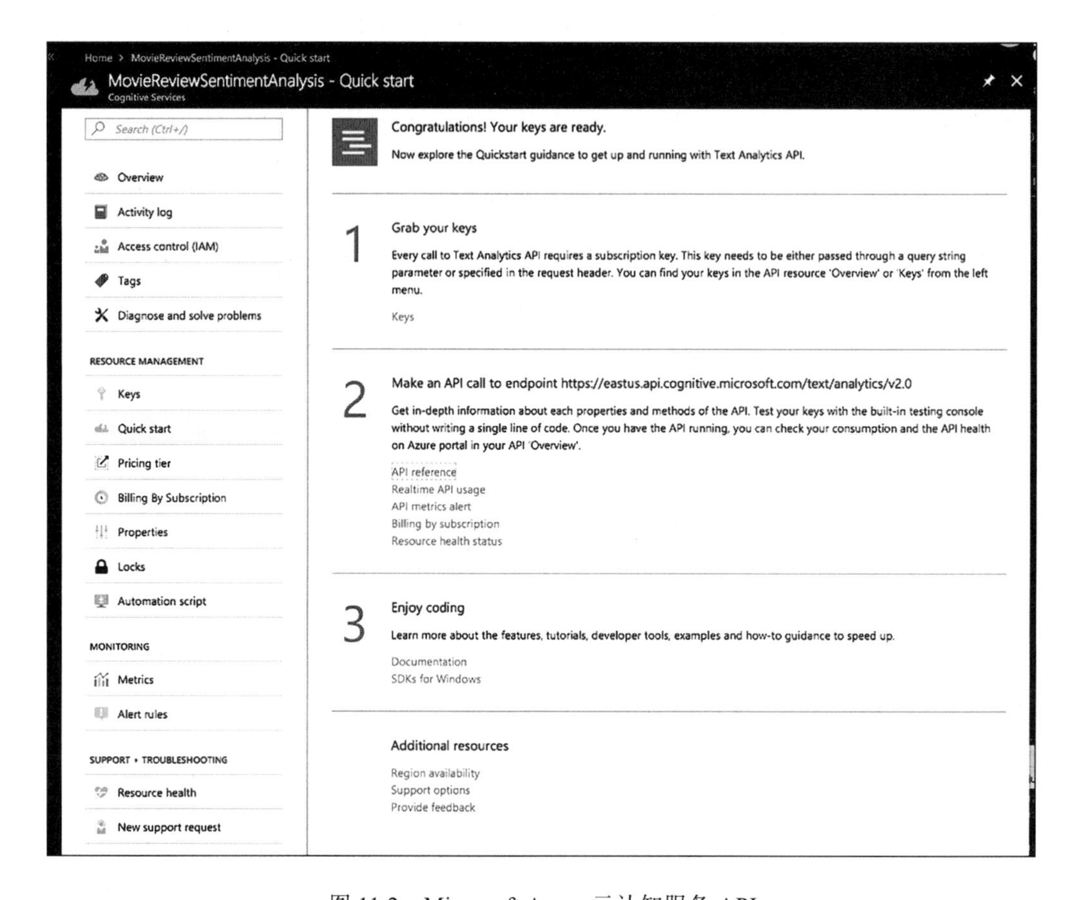


图 11.2 Microsoft Azure 云认知服务 API

然后，从环境中获取 API 密钥。此 API 密钥从图 11.2 所示控制台中的 keys 部分获取并作为环境变量导出，因此不会硬编码成代码。随后，还会将使用的文本 API URL 赋值给变量。

```
In [4]: subscription_key=os.environ.get("AZURE_API_KEY")
In [5]: text_analytics_base_url =\
   ...: https://eastus.api.cognitive.microsoft.com/\
        text/analytics/v2.0/
```

接下来，以 API 期望的方式格式化其中一个负面评论。

```
In [9]: documents = {"documents":[]}
   ...: path = "../data/review_polarity/\
        txt_sentoken/neg/cv000_29416.txt"
   ...: doc1 = open(path, "r")
   ...: output = doc1.readlines()
   ...: count = 0
   ...: for line in output:
   ...:     count +=1
   ...:     record = {"id": count, "language": "en", "text": line}
   ...:     documents["documents"].append(record)
   ...:
   ...: #print it out
   ...: documents
```

随后创建如下形式的数据结构。

```
Out[9]:
{'documents': [{'id': 1,
   'language': 'en',
   'text': 'plot : two teen couples go to a\
         church party , drink and then drive . \n'},
  {'id': 2, 'language': 'en',
 'text': 'they get into an accident . \n'},
  {'id': 3,
   'language': 'en',
   'text': 'one of the guys dies ,\
 but his girlfriend continues to see him in her life,\
 and has nightmares . \n'},
  {'id': 4, 'language': 'en', 'text': "what's the deal ? \n"},
  {'id': 5,
   'language': 'en',
```

最后，使用情绪分析 API 对各文档进行评分。

```
{'documents': [{'id': '1', 'score': 0.5},
  {'id': '2', 'score': 0.13049307465553284},
  {'id': '3', 'score': 0.09667149186134338},
  {'id': '4', 'score': 0.8442018032073975},
  {'id': '5', 'score': 0.808459997177124
```

此时，可将返回分数转换为 Pandas 数据帧以便进行一些探索式数据分析(Exploratory Data Analysis,EDA)。在 0 到 1 范围内，负面评价的情绪中位数为 0.23 并不奇怪，其中，1 表示非常正面，0 表示非常负面。

```
In [11]: df = pd.DataFrame(sentiments['documents'])

In [12]: df.describe()
Out[12]:
           score
count  35.000000
mean    0.439081
std     0.316936
min     0.037574
25%     0.159229
50%     0.233703
75%     0.803651
max     0.948562
```

这一点可通过密度图来进一步解释。图 11.3 显示了大多数高度负面情绪。

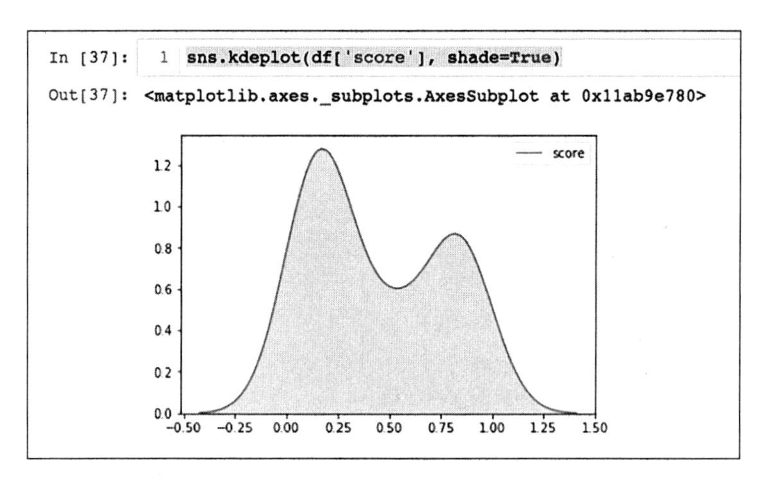


图 11.3 情绪分数密度图

## 11.6.2 GCP 上的 NLP

Google 云自然语言处理 API（https://cloud.google.com/natural-language/docs/how-to）有很多值得关注的内容。其中一个便捷特性是能通过两种不同方式使用 API：在字符串中分析情绪及在 Google 云存储中分析情绪。Google 云还有非常强大的命令行工具，该命令行工具能轻松地对其 API 进行探索。另外，它还有引人入胜的 AI API，本章将介绍其中的一些 AI API：分析情绪、分析实体、分析语法、分析实体情绪和分类内容。

## 探索实体 API

使用命令行 gcloud API 是探索 API 功能的一种好方式。在本示例中，通过命令行发送关于勒布朗 · 詹姆斯和克利夫兰骑士队的短语。

```
➜  gcloud ml language analyze-entities --content=\
"LeBron James plays for the Cleveland Cavaliers."
{
  "entities": [
    {
      "mentions": [
        {
          "text": {
            "beginOffset": 0,
            "content": "LeBron James"
          },
          "type": "PROPER"
        }
      ],
      "metadata": {
        "mid": "/m/01jz6d",
        "wikipedia_url": "https://en.wikipedia.org/wiki/LeBron_James"
      },
      "name": "LeBron James",
      "salience": 0.8991045,
      "type": "PERSON"
    },
    {
      "mentions": [
        {
          "text": {
            "beginOffset": 27,
            "content": "Cleveland Cavaliers"
          },
          "type": "PROPER"
        }
      ],
      "metadata": {
        "mid": "/m/0jm7n",
        "wikipedia_url": "https://en.wikipedia.org/\
wiki/Cleveland_Cavaliers"
      },
      "name": "Cleveland Cavaliers",
      "salience": 0.100895494,
      "type": "ORGANIZATION"
    }
```

```
  ],
  "language": "en"
}
```

探索 API 的第二种方式是使用 Python。需按照链接中的说明获取 API 密钥并进行身份认证（https://cloud.google.com/docs/authentication/getting-started）。然后，在导出 GOOGLE_APPLICATION_CREDENTIALS 变量的相同 shell 中启动 Jupyter Notebook。

```
➜  ✗ export GOOGLE_APPLICATION_CREDENTIALS=\
        /Users/noahgift/cloudai-65b4e3299be1.json
➜  ✗ jupyter notebook
```

身份认证过程完成后，其余工作会很简单。首先，必须导入 Python 语言 API（如果还没有 API，可通过 pip 安装：pip install--update google-cloud-language)。

```
--upgrade google-cloud-language.)

In [1]: # Imports the Google Cloud client library
   ...: from google.cloud import language
   ...: from google.cloud.language import enums
   ...: from google.cloud.language import types
```

然后，将短语发送到 API，通过分析返回实体元数据。

```
In [2]: text = "LeBron James plays for the Cleveland Cavaliers."
   ...: client = language.LanguageServiceClient()
   ...: document = types.Document(
   ...:         content=text,
   ...:         type=enums.Document.Type.PLAIN_TEXT)
   ...: entities = client.analyze_entities(document).entities
   ...:
```

输出具有与命令行版本相似的界面外观，只是输出作为 Python 列表返回。

```
[name: "LeBron James"
type: PERSON
metadata {
  key: "mid"
  value: "/m/01jz6d"
}
```

```
metadata {
  key: "wikipedia_url"
  value: "https://en.wikipedia.org/wiki/LeBron_James"
}
salience: 0.8991044759750366
mentions {
  text {
    content: "LeBron James"
    begin_offset: -1
  }
  type: PROPER
}
, name: "Cleveland Cavaliers"
type: ORGANIZATION
metadata {
  key: "mid"
  value: "/m/0jm7n"
}
metadata {
  key: "wikipedia_url"
  value: "https://en.wikipedia.org/wiki/Cleveland_Cavaliers"
}
salience: 0.10089549422264099
mentions {
  text {
    content: "Cleveland Cavaliers"
    begin_offset: -1
  }
  type: PROPER
}
]
```

探索实体 API 的几个关键点如下：一是探索 API 可以很容易与第 6 章进行的探索研究相结合；通过使用 NLP API 作为起点，不难想象可以创建能发现大量具有社会影响作用的信息的 AI 应用；还有一点就是 GCP 认知 API 提供了非常强大的命令行功能。

### 11.6..3 AWS 上的生产型无服务器 NLP AI 管道

AWS 有一项工作做得很好，或许比“三大”云都要好，就是它能轻松地创建易于编写和管理的生产应用程序。AWS“改变游戏规则”的创新之一是 AWS Lambda。AWS Lambda 既可用于编排管道也可用于 HTTP 端点服务，这与 AWS

Chalice 框架的情况十分相似。图 11.4 描述了用于创建 NLP 管道的实际生产管道。

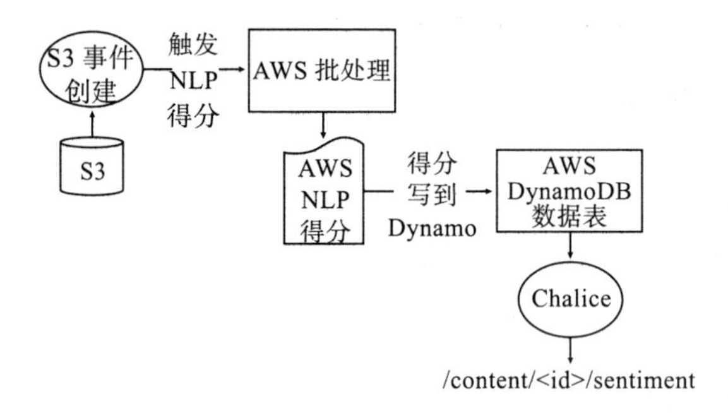


图 11.4 AWS 上的生产型无服务器 NLP 管道

开始使用 AWS 情绪分析，需要导入一些库。

```
In [1]: import pandas as pd
   ...: import boto3
   ...: import json
```

接下来，创建一个简单的测试。

```
In [5]: comprehend = boto3.client(service_name='comprehend')
   ...: text = "It is raining today in Seattle"
   ...: print('Calling DetectSentiment')
   ...: print(json.dumps(comprehend.detect_sentiment(\
Text=text, LanguageCode='en'), sort_keys=True, indent=4))
   ...:
   ...: print('End of DetectSentiment\n')
   ...:
```

输出显示 SentimentScore。

```
Calling DetectSentiment
{
    "ResponseMetadata": {
        "HTTPHeaders": {
            "connection": "keep-alive",
            "content-length": "164",
            "content-type": "application/x-amz-json-1.1",
            "date": "Mon, 05 Mar 2018 05:38:53 GMT",
            "x-amzn-requestid":\
```

```
"7d532149-2037-11e8-b422-3534e4f7cfa2"
        },
        "HTTPStatusCode": 200,
        "RequestId": "7d532149-2037-11e8-b422-3534e4f7cfa2",
        "RetryAttempts": 0
    },
    "Sentiment": "NEUTRAL",
    "SentimentScore": {
        "Mixed": 0.002063251566141844,
        "Negative": 0.013271247036755085,
        "Neutral": 0.9274052977561951,
        "Positive": 0.057260122150182724
    }
}
End of DetectSentiment
```

现在，在一个更加实际的示例使用 Azure 示例中的“负面影评文档”。读入文档。

```
In [6]: path = "/Users/noahgift/Desktop/review_polarity/\
txt_sentoken/neg/cv000_29416.txt"
   ...: doc1 = open(path, "r")
   ...: output = doc1.readlines()
   ...:
```

接着，对其中一个“文档”（根据 NLP API，每一行都是一个文档）进行评分。

```
In [7]: print(json.dumps(comprehend.detect_sentiment(\
Text=output[2], LanguageCode='en'), sort_keys=True, inden
   ...: t=4))

{
    "ResponseMetadata": {
        "HTTPHeaders": {
            "connection": "keep-alive",
            "content-length": "158",
            "content-type": "application/x-amz-json-1.1",
            "date": "Mon, 05 Mar 2018 05:43:25 GMT",
            "x-amzn-requestid":\
 "1fa0f6e8-2038-11e8-ae6f-9f137b5a61cb"
        },
        "HTTPStatusCode": 200,
        "RequestId": "1fa0f6e8-2038-11e8-ae6f-9f137b5a61cb",
        "RetryAttempts": 0
    },
    "Sentiment": "NEUTRAL",
```

```
    "SentimentScore": {
        "Mixed": 0.1490383893251419,
        "Negative": 0.3341641128063202,
        "Neutral": 0.468740850687027,
        "Positive": 0.04805663228034973
    }
}
```

该文档的得分为负并不奇怪，因为之前的评分已经出现了这样的结果。该 API 可以做的另一件有趣的工作是，针对所有文档打出一个巨大的得分。大体上，这个得分给出了情绪的中位数值。相关代码如下。

```
In [8]: whole_doc = ', '.join(map(str, output))

In [9]: print(json.dumps(\
comprehend.detect_sentiment(\
Text=whole_doc, LanguageCode='en'), sort_keys=True, inden
   ...: t=4))
{
    "ResponseMetadata": {
        "HTTPHeaders": {
            "connection": "keep-alive",
            "content-length": "158",
            "content-type": "application/x-amz-json-1.1",
            "date": "Mon, 05 Mar 2018 05:46:12 GMT",
            "x-amzn-requestid":\
 "8296fa1a-2038-11e8-a5b9-b5b3e257e796"
        },
    "Sentiment": "MIXED",
    "SentimentScore": {
        "Mixed": 0.48351600766181946,
        "Negative": 0.2868672013282776,
        "Neutral": 0.12633098661899567,
        "Positive": 0.1032857820391655
    }
}='en'), sort_keys=True, inden
   ...: t=4))
```

有趣的是，AWS API 有一些隐藏技巧并且能体现 Azure API 不能体现的细微差别。在前面的 Azure 示例中，Seaborn 输出显示确实存在双峰分布，少数评论表示喜欢某部电影，而且大多数人不喜欢这部电影。AWS 以“混合”方式展示结果很好地概括了这种细微差别。

剩下要做的唯一工作就是创建一个简单的 Chalice 应用程序，该程序将获取写到 Dynamo 的评分输入并提供服务。相关代码如下。

```
from uuid import uuid4
import logging
import time

from chalice import Chalice
import boto3
from boto3.dynamodb.conditions import Key
from pythonjsonlogger import jsonlogger

#APP ENVIRONMENTAL VARIABLES
REGION = "us-east-1"
APP = "nlp-api"
NLP_TABLE = "nlp-table"

#intialize logging
log = logging.getLogger("nlp-api")
LOGHANDLER = logging.StreamHandler()
FORMMATTER = jsonlogger.JsonFormatter()
LOGHANDLER.setFormatter(FORMMATTER)
log.addHandler(LOGHANDLER)
log.setLevel(logging.INFO)

app = Chalice(app_name='nlp-api')
app.debug = True

def dynamodb_client():
    """Create Dynamodb Client"""

    extra_msg = {"region_name": REGION, "aws_service": "dynamodb"}
    client = boto3.client('dynamodb', region_name=REGION)
    log.info("dynamodb CLIENT connection initiated", extra=extra_msg)
    return client

def dynamodb_resource():
    """Create Dynamodb Resource"""

    extra_msg = {"region_name": REGION, "aws_service": "dynamodb"}
    resource = boto3.resource('dynamodb', region_name=REGION)
    log.info("dynamodb RESOURCE connection initiated",\
          extra=extra_msg)
    return resource

def create_nlp_record(score):
    """Creates nlp Table Record
```

```
    """

    db = dynamodb_resource()
    pd_table = db.Table(NLP_TABLE)
    guid = str(uuid4())
    res = pd_table.put_item(
        Item={
            'guid': guid,
            'UpdateTime' : time.asctime(),
             'nlp-score': score
        }
    )
    extra_msg = {"region_name": REGION, "aws_service": "dynamodb"}
    log.info(f"Created NLP Record with result{res}", extra=extra_msg)
    return guid

def query_nlp_record():
    """Scans nlp table and retrieves all records"""

    db = dynamodb_resource()
    extra_msg = {"region_name": REGION, "aws_service": "dynamodb",
        "nlp_table":NLP_TABLE}
    log.info(f"Table Scan of NLP table", extra=extra_msg)
    pd_table = db.Table(NLP_TABLE)
    res = pd_table.scan()
    records = res['Items']
    return records

@app.route('/')
def index():
    """Default Route"""

    return {'hello': 'world'}

@app.route("/nlp/list")
def nlp_list():
    """list nlp scores"""

    extra_msg = {"region_name": REGION,
        "aws_service": "dynamodb",
        "route":"/nlp/list"}
    log.info(f"List NLP Records via route", extra=extra_msg)
    res = query_nlp_record()
    return res
```

## 11.7　小结

如果数据是新石油，那么 UGC 就是焦油砂坑。焦油砂坑历来难以转化为生产石油的管道，但是随着能源成本的上升和技术的进步，对其进行开采成了可能。同样，从“三大”云提供商中脱颖而出的 AI API 在筛选“粗糙数据”方面创造了新的技术突破。还有，存储和计算的价格也在稳步下降，使得将 UGC 转换为可从中获取额外价值的资产变得更加可行。另一项降低处理 UGC 成本的创新是 AI 加速器，ASIC 芯片（如 TPU、GPU 和现场可编程门阵列（FPGA））的大规模并行化改进，也使得讨论过的一些规模化性能求解问题得到了很好的解决。

本章展示了如何从这些焦油砂坑中获取价值的很多示例，但也存在实际的权衡和危险，就像现实中的焦油砂坑一样。UGC 到 AI 的反馈回路可以被欺骗和利用，从而造成全球性的影响。此外，在更实用的层面上，系统上线也需要进行一些权衡。虽然凭借云和 AI API 可以很容易地创建解决方案，但真正的权衡不能抽象出来，比如用户体验、性能以及所实现的解决方案的业务含义等。

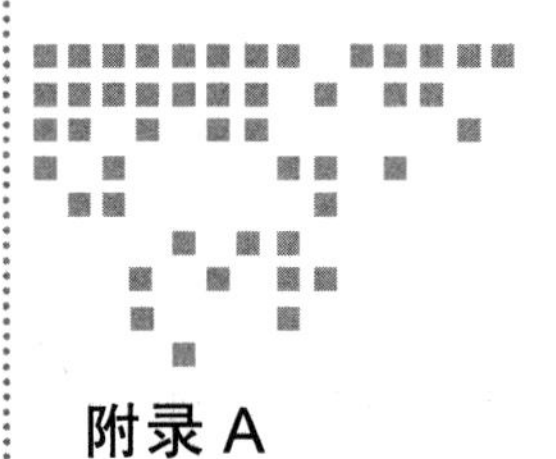

Appendix A 附录 A

# AI 加速器

AI 加速器是一种相对较新但发展迅速的技术，AI 加速器可分为下面几个产品类别：新产品或定制产品、基于 GPU 的产品、AI 协处理器和研发产品。在这些产品类别中，可能 TPU 最受欢迎，因为它为 TensorFlow 开发人员提供了一种开发 AI 软件的捷径。

基于 GPU 的产品是目前人工智能加速的最常见方式。卡内基·梅隆大学（Carnegie Mellon University）的教授伊恩 • 莱恩 (Ian Lane) 这样评价：使用 GPU，预先录制的语音或多媒体内容能更快地被转录。与 CPU 实现相比，GPU 可以实现高达 33 倍的识别能力。

在 FPGA 领域，Reconfigure.io（https://reconfigure.io/）是一家值得关注的公司。Reconfigure.io 使开发者能轻松地使用 FPGA 来加速其解决方案，包括针对 AI 的解决方案。使用简洁工具和强大的云构建及部署功能，Reconfigure.io 为开发者提供了以往仅针对硬件专业设计者可用的速度、延迟和功耗等工具，包括提供基于 Go 语言的接口，该接口接受 Go 代码并对其进行编译和优化，然后将其部署到基于 AWS 的 FPGA 上。FPGA 特别适用于在网络环境和低功耗环境使用 AI 的场合，因此主要的云提供商都在提供 FPGA 加速方面的算力。

虽然 GPU 和 FPGA 确实都比 CPU 提供了很大的性能改进，但是像 TPU 这样的专用集成电路（ASIC）的性能可以是 GPU 和 FPGA 性能的 10 倍。因此，类似 FPGA 这样的主要应用案例只是用来熟悉可能使用像 Go 语言这样的工具更快地开发应用程序。

使用 AI 加速器需要考虑以下几个问题。

1. 在确定对推理应用程序是否实施加速之前，应考虑应用程序性能要求和一般数据中心成本构成标准。

2. 应考虑被加速的数据中心推理应用程序的使用案例。

AI 加速器应该是每一家追求领先的 AI 公司关注的重点，其关键因素就是性能。由于 GPU 和 FPGA 性能是 CPU 的 30 倍，而专用 ASIC 的性能在此基础上又提升了 10 倍，这是不容忽视的重大突破，它可能会引领我们开发出前所未有的 AI 应用。

Appendix B 附录 B

# 聚类大小的选择

本书有很多 k 均值聚类示例。k 均值聚类的常见问题之一是选取聚类数目。其实这没有正确的答案，因为聚类是建立标签的过程，并且两个不同领域的专家会有不同的评判。

图 B.1 创建了 2013—2014 年 NBA 赛季统计数据聚类，具体有 8 个按照有用的分类类别标记的聚类。而另一位 NBA 领域的专家可能建立更少或更多的聚类。

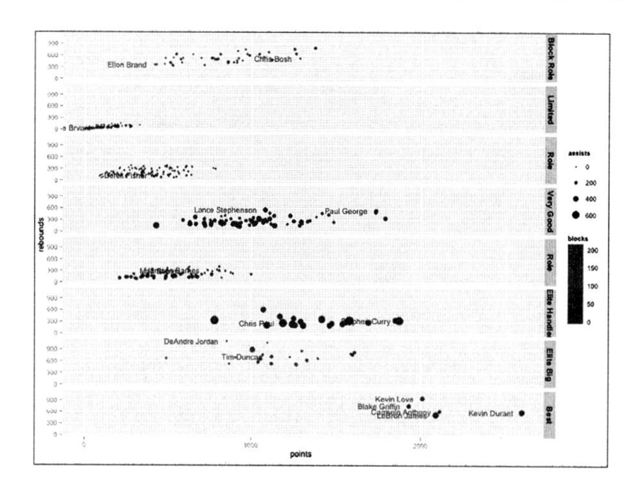


图 B.1 NBA 赛季统计数据聚类

不过，仍然有一些方法能帮助我们选定要创建的聚类数目。scikit-learn 文档给出了评价聚类性能的一些示例（http://scikit-learn.org/stable/modules/clustering.html#clustering-performance-evaluation）。经常探讨的两种常用技术分别是肘形图和轮廓图。如果聚类任务看起来可能会获得改进，则建议以所用技术为基础深入挖掘。

# 推荐阅读

Keras Deep Learning Cookbook
Keras深度学习实战

Introduction to Adversarial Examples
AI安全之对抗样本入门

MXNet Deep Learning in Action
MXNet深度学习实战
计算机视觉算法实现

Large Scale Machine Learning with Python
Python大规模机器学习

Apress
Deep Learning with Applications Using Python
Python深度学习实战
基于TensorFlow和Keras的聊天机器人以及人脸、物体和语音识别

Face Recognition with Python
Python人脸识别
从入门到工程实践

Python Deep Learning with TensorFlow
Python深度学习
基于TensorFlow

深度学习实践
基于Caffe的解析

神经网络与PyTorch实战

# 推荐阅读

## 机器学习与深度学习：通过C语言模拟

作者：[日] 小高知宏 译者：申富饶 于僡 ISBN：978-7-111-59994-4

本书以深度学习为关键字讲述机器学习与深度学习的相关知识，对基本理论的讲述通俗易懂，不涉及复杂的数学理论，适用于对机器学习与深度学习感兴趣的初学者。当前机器学习的书籍一般只讲述理论，没有具体的程序实例。有些以实例为主的机器学习书籍则依赖于一些函数库或工具，无法理解其内部算法原理。本书没有使用任何外部函数库或工具，通过C语言程序来实现机器学习和深度学习算法，读者不太理解相关理论时，可以通过C语言程序代码来进行学习。

本书从强化学习、蚁群最优化方法、神经网络、深度学习等出发，分阶段介绍机器学习的各种算法，通过分析C语言程序代码，实际执行C语言程序，使读者能快速步入机器学习和深度学习殿堂。

## 自然语言处理与深度学习：通过C语言模拟

作者：[日] 小高知宏 译者：申富饶 于僡 ISBN：978-7-111-58657-9

本书详细介绍了将深度学习应用于自然语言处理的方法，并概述了自然语言处理的一般概念，通过具体实例说明了如何提取自然语言文本的特征以及如何考虑上下文关系来生成文本。书中自然语言文本的特征提取是通过卷积神经网络来实现的，而根据上下文关系来生成文本则利用了循环神经网络。这两个网络是深度学习领域中常用的基础技术。

本书通过实现C语言程序来具体讲解自然语言处理与深度学习的相关技术。本书给出的程序都能在普通个人电脑上执行。通过实际执行这些C语言程序，确认其运行过程，并根据需要对程序进行修改，读者能够更深刻地理解自然语言处理与深度学习技术。

# 推荐阅读

## Python机器学习

作者：Sebastian Raschka，Vahid Mirjalili ISBN：978-7-111-55880-4 定价：79.00元

## 机器学习：实用案例解析

作者：Drew Conway，John Myles White ISBN：978-7-111-41731-6 定价：69.00元

## 面向机器学习的自然语言标注

作者：James Pustejovsky，Amber Stubbs ISBN：978-7-111-55515-5 定价：79.00元

## 机器学习系统设计：Python语言实现

作者：David Julian ISBN：978-7-111-56945-9 定价：59.00元

## Scala机器学习

作者：Alexander Kozlov ISBN：978-7-111-57215-2 定价：59.00元

## R语言机器学习：实用案例分析

作者：Dipanjan Sarkar，Raghav Bali ISBN：978-7-111-56590-1 定价：59.00元